김진국과 같이 배우는

와인의 세계

김진국 지음

가림출판사

추천의 글

나는 와인을 잘 알지 못한다. 옛말에 모르는 것은 죄가 아니라는 말이 있지만 그것은 우리네 미풍양속을 뜻하는 말이고 요즘과 같은 글로벌 시대에는 모르는 것도 죄가 될 때가 많은 것 같다. 방송활동을 하다 보면 업무상 중요한 자리에서 식사를 할 때가 있는데 가끔씩 난감할 때가 있다. 식사와 함께 와인을 마시는 자리에서는 더욱 그러하다. 와인을 잘 모르기 때문에 항상 전문가의 조언에 따르는 경우가 많고 그나마 전문가가 바쁜 경우에는 한참을 기다려야 하는 불편을 감수해야 하는 경우가 있기 때문이다.

다변화하는 시대에 있어서 새로운 문화와 산업의 발달은 거역할 수 없는 현실이다.

최근 들어 어려운 경제문제가 사회적인 이슈가 되는 현실 속에서도 이 시대를 사는 사람들의 문화적인 욕구는 어쩔 수 없는 모양이다.

방송인의 한 사람으로서 시대적 요구와 사회적인 변화에 대한 사람들의 반응에 민감한 것이 사실이다. 어려운 시대라 하여도 변화에 대한 욕구는 거역할 수 없는 것이 현 시대를 사는 사람들의 실정이 아닌가 싶다. 불과 얼마 전의 일이다. IMF라는 역사적인 충격이 우리에게 다가오기 전까지 사회의 일각에서는 때아닌 와인 열풍이 불어 왔다. 물론 하루 아침에 이루어진 것은 아니었겠지만 오랜 세월 동안 조금씩 성장해오던 작은 문화의 한 톨의 씨앗이 싹이 터오르려던 시점에서 갑자기 불어닥친 폭풍우는 사회와 문화전반에 퇴보를 가져왔다.

그러나 가까운 이웃나라인 일본의 경우에 장기적인 경제적 침체 속에서도 문화의 씨앗은 싹을 틔워 그 뿌리를 깊이 내리는 것을 보고 시대적인 욕구는 어떤 상황도 막지 못하는 것이라는 생각을 하게 되었다.

1964년 동경올림픽을 계기로 시작된 일본의 와인 시장의 형성은 1인당 국민소득 10,000달러 돌파를 기점으로 시작되었고, 1988~1990년에 2차적인 붐이 조성되어 이후 장기적인 경제침체 속에서도 꾸준히 성장하여 이제는 일본의 식생활 문화의 한 부분으로 확실하게 자리를 잡아 국민 1인당 연간 2.9병의 와인을 마시는 나라가 되었다.

우리 나라도 이젠 음주문화가 바뀌어야 할 때가 된 것 같다. 국민들 대다수가 독한 술 위주의 음주 패턴에서 이제는 건강도 생각하고 사회적인 품위도 생각하여 저알코올 위주의 건전한 음주습관으로의 변화가 꼭 필요한 시점이 아닌가 싶다.

내가 필자를 처음 알게 된 것은 1993년 가을쯤이었다. 친구의 소개로 알게 된 필자는 첫인상이 아주 깔끔한 사람이었고 만날수록 정이 가는, 아주 성실하고 열심히 노력하는 사람 중의 한 사람이었다.

필자로부터 처음 원고를 받고는 와인을 잘 알지 못하는 내가 무슨 추천사를 쓸 수 있냐며 거절했었다. 그러다가 필자의 평상시의 노력과 특히 지난 14여 년 간의 실무 경험을 바탕으로 한 것이 분명 사회의 일각에서 공헌하는 바가 클 것이라는 생각에 이 글을 쓰게 되었다. 무엇보다도 필자가 오랜 투병생활중에서 고통과 싸우면서 원고를 썼다는 이야기를 듣고 필자의 의지와 그 동안 쌓아온 노력이 헛되어서는 안되겠다는 생각이 앞선다.

이 책이 와인에 대한 실무 지침서로서 와인을 배우고자 하는 초보자들과 현업 종사자들에게 길잡이가 되어 주리라 생각하고 일반 소비자들에게는 기초적인 지식을 전달해 주리라 생각한다.

내 가까이에 와인에 대한 전문가가 있다는 것이 기쁘고 이제 막 피어나는 우리 사회의 새로운 문화의 선두주자로서 더욱 연구하고 정진하여 우리 나라를 대표하는 전문가로서의 역할을 충실히 해 나가길 바란다. 다시 한 번 필자의 의지와 노력에 경의를 표한다.

2001. 4.

방송인 이창섭

추천의 글

와인이 차츰 인구에 회자되고 있는 것은 오히려 늦은 감이 있다.

아직은 와인 가격이 만만치 않고 일반인들이 이해하기에 어려운 점이 많아 와인을 가르치는 사람으로서는 안타까운 일이었다.

대학을 마치고 10년 넘게 호텔에서 소믈리에로 근무하던 필자를 처음 만난 것은 2000년 초의 인연이었다. 첫만남에서 와인에 대한 애정이 대단한 친구라는 생각이 들었고 그 뒤 중앙대, 세종대에서 두 학기를 열심히 공부하며 일과 공부를 병행하는 모습은 좋은 와인을 만들려는 포도농사꾼의 모습을 연상시키곤 했다.

교통사고를 당해 입원해 있으면서 그 동안의 일과 배움을 모으고 정리하여 현업에서 소믈리에로 일하고 싶은 후배들, 와인 애호가들을 위한 잘 정리된 책을 준비한 필자가 대견스럽다.

책의 내용도 기존의 외국서적의 번역, 짜깁기에 그쳤던 개괄서 등과는 달리 현장체험, 실무지침, 세분화된 국가별 와인 내용 및 와인생산 현장체험 및 와인을 마실 곳 안내 등 소비자 중심의 내용도 담고 있어 소믈리에가 되고자 하는 후학들은 물론 마니아에게도 안성맞춤이다.

작년 8월 프랑스 와인 투어 때 운전하던 내 옆에서 열심히 지명을 찾고 같이 고생하던 모습, 와인 잔을 앞에 놓고 와인의 대중화를 위해 목소리를 높이던 모습들의 기억이 새롭다.

와인 소비는 급격히 늘어나고 있음에 비해 현장에서 와인을 안내할 소믈리에는 턱없이 부족한 안타까운 현실을 타개하는 데 필자의 노력이 확실한 도움이 되리라는 생각으로 이 책을 권하고 싶다.

더욱 와인 공부에 정진하며 우리 나라를 대표하는 소믈리에로서 와인 대중화에 앞장서기를 바라며 다시 한 번 책을
출간한 필자의 노력에 경의를 표한다.

2001. 4.
논현동 연구실에서
전 중앙대, 세종대 교수 정진환

정 진 환

책머리에

    우리 나라 와인 시장은 짧은 역사에도 불구하고 지속적인 성장을 해왔다. 특히 최근 몇 년 동안에 비약적인 발전을 이루었다.

    1970년대에 독일에서 양조 기술을 들여와 최초의 국산 와인을 만들기 시작하였고, 1980년대에 올림픽을 개최하면서 국내 와인 시장의 규모는 크게 성장하게 되었다. 그러나 1987년의 와인 수입 자유화 조치는 국내 와인 산업의 쇠퇴와 함께 우수한 품질의 외국산 와인의 시장점유로 이어진다.

    올림픽을 전후한 급속한 식생활의 서구화와 다양한 소비자층의 요구로 와인 소비는 급속도로 확산되어 갔고, 1995년을 정점으로 와인은 우리 문화의 한 부분으로 자리잡게 되었다.

    최근 들어 소비자들의 다양한 요구에 부응하여 와인과 관련된 책들이 출간되고 있는 것은 바람직한 현상으로 와인을 이해하고 올바른 와인 문화의 정착에 기여하는 바가 크다고 하겠다.

    그러나 필자가 처음 와인 공부를 시작했을 때에도 그러했지만 아직도 와인을 배워 생업으로 삼으려는 사람들이 필요로 하는 지침서 하나 없는 것이 우리의 현실이다.

    오늘날 국내 유수의 와인업계의 선두 주자의 경우 대부분 필자와 같이 독학으로 와인을 공부한 세대들임은 부인할 수 없는 사실이다.

    요즘에 대학원 연구과정과 고위과정 형태로 학계에서 와인 과정을 신설하여 와인 교육을 하고 있고, 몇몇 사설 교육기관도 생겨 와인 문화의 보급과 전문가 육성에 열을 올리고 있으나, 제대로 된 교재 하나 없이 외국 원서의 번역에 의존하고 있는 실정이다.

    필자는 어렵게 공부하던 시절부터 꿈꿔오던 일을 지난 5년간의 준비와 각고의 노력 끝에 이 책을 통해 이루게 되었다. 하루라도 빨리 전문적인 와인 공부를 하고자 하는 분들이나 체계적인 이해를 필요로 하는 분들에게 보탬이 되고

자 2000년 11월 출간을 목표로 준비해오다가 뜻하지 않은 교통사고로 인하여 시간이 많이 지연되어 이제서야 출간하게 됨을 안타깝게 생각한다.

투병생활중 이 책이 나올 수 있도록 도와주신 리커랜드주식회사의 어수용 사장님과 바쁘신 와중에도 수시로 문안을 통하여 힘과 용기를 주신 많은 분들 특히, 가자주류 시청점 지명순 사장님과 Cutco의 허수경 님, 그리고 하루 빨리 회복할 수 있도록 치료에 최선을 다하여 주신 인제대학교 서울백병원 정형외과 김동수 교수님과 그 진료팀 등 많은 분들께 지면으로나마 감사의 말씀을 올린다. 그리고 바쁘신 일정 중에도 원고 감수에 시간을 할애해주신 한국소믈리에협회 서한정 명예 회장님께도 감사의 말씀을 올린다.

끝으로 오랜 시간 동안 필자를 아끼는 모든 분들께 걱정을 끼쳐드린 점 죄송하며, 이 책이 출간되기까지 많은 시간과 노력을 아끼지 않으신 가림출판사 강선희 사장님과 직원 여러분들에게도 진심으로 감사의 말씀을 올린다.

2001. 4.

저자 김진국

이 책을 읽기에 앞서

이 책은 와인을 체계적으로 쉽게 이해할 수 있도록 기술한 것이므로 와인을 처음 공부하는 분들은 처음부터 단계적으로 읽어 나가면 이해가 한층 쉬울 것이다.

〈김진국과 같이 배우는 와인의 세계〉에서는 와인의 기초 및 실무에 관한 내용을 다루어 와인의 제반적인 이론과 실무를 기초로 하여 국제적인 공통의 서비적인 측면을 강조하여 기술하였다. 그리고 복잡한 와인의 현상과 함께 와인의 성격을 부여할 수 있는 여러 가지 요인을 집중적으로 다루어 와인을 한층 더 쉽게 이해할 수 있도록 노력하였다. 또한, 와인과 관련된 다양한 서비스 기구와 일상생활에서 사용할 수 있는 액세서리 등을 소개하여 누구나 와인과 쉽게 가까워질 수 있도록 하였다.

그리고 와인 소매점과 레스토랑 등에서 와인을 판매하고 다루는 요령, 와인의 보관과 재고의 회전 등 좀더 실질적인 경영상에 필요한 부분까지 접근해 보았다.

따라서 와인에 대한 제반적인 기초적 지식을 익혀 바로 활용할 수 있도록 노력하였으며, 소매점이나 일반 레스토랑에 종사하는 사람들이 고객에게 와인을 권하고 추천할 수 있는 조수 역할을 충분히 할 수 있도록 하였다.

특히 우리 나라 와인 시장의 현실과 전망에 대하여 소신을 피력해 와인 비즈니스를 하고자 하는 사람들에게 시장의 현실과 향후의 가능성을 제시하고자 하였다. 그리고 부록을 통하여 와인을 체계적으로 공부하고자 하는 이들을 위하여 필기시험에 대비한 문제 출제 유형을 분석하여 향후의 진로에 활용할 수 있는 기초자료로 삼을 수 있도록 하였다.

앞으로 출간될 제2권에서는 프랑스를 비롯하여 세계 20여 개국에 이르는 와인 생산지, 앞으로 유망한 지역 등을 자세히 소개하여 전문가 및 일반인들의 이해를 돕고자 하였다. 또한 좀더 구체적이고 실질적으로 접근하여 와인을 수입하고자 하는 사람들에게는 지역의 정보를 제공하고, 세계의 와인에 대하여 깊이 있게 공부하고자 하는 사람들에게는 도움을 주고자 하였다. 그리고 유럽의 우수한 와인 생산국과 아프리카와 동구권, 최근 들어 급속히 발전하고 있는 신흥 와인 생산국 등 세계의 와인 명산지를 소개하고, 그 국가별·지역별 특징을 자세히 소개하였다.

이 책의 내용 중 외국어의 특수한 단어는 독자들의 이해를 돕기 위하여 영어로 통일하여 표기하였으며, 되도록 어려운 단어의 사용이나 표기를 자제하려고 하였다. 따라서 구성과 내용에 충실을 기하려는 노력과 함께 독자들이 내용을 쉽게 이해하도록 하는 데 초점을 두고 기술하였으므로 독자들의 이해가 한층 쉬울 것이다. 그리고 더 자세한 설명이 필요한 것은 주)로 표기하여 추가적으로 설명을 하였다.

끝으로 필자가 소중히 간직해온 와인 제조공정의 비밀이 담긴 영상 자료를 CD로 제작, 수록하여 소중한 자료를 공유할 수 있는 기회를 만들어 현장감 있는 영상자료로 와인에 대한 이해를 한층 쉽게 할 수 있도록 하였다.

모쪼록 필자가 5년을 넘게 준비해온 이 두 권의 책이 와인을 이해하고자 하는 모든 분들에게 도움이 되기를 바라며, 부족한 부분은 차후에 지속적으로 보완하여 나갈 것을 다짐한다.

독자 여러분들의 무궁한 발전과 아낌없는 평가를 기대해 본다.

Wine World

Wine World

Wine World

CONTENTS

Wine World
Wine World
Wine World
Wine World

Wine World

Wine World

Wine World

Wine World

Wine World

Wine World

Wine World

Wine World

Wine World

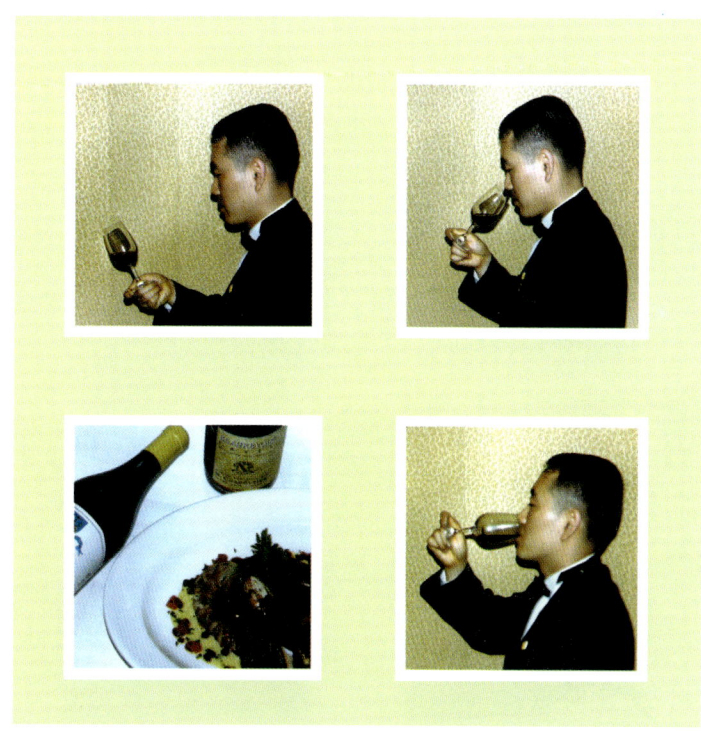

Wine World
Wine World

Wine World

Wine World
Wine World

와인의 역사

『포도주를 만드는 사람들』. 프랑스 국립박물관 소장.

와인의 기원

인류가 최초로 와인을 마시기 시작한 시기는 언제 쯤일까? 확실한 시기는 알 수 없지만 아마 기원 전의 일일 것이다.

인간이 지구상에서 활동을 하기 시작한 것은 200만 년 전의 일이었지만 포도처럼 당을 포함한 식물은 이미 600만 년 전에 지구상에 넓게 분포해 있었다. 그리고 당을 알코올과 탄산가스로 분해하는 역할을 하는 효모와 같은 미생물은 수억 년 전부터 존재하고 있었기 때문에 알코올의 역사는 인간의 역사보다 훨씬 오래되었다고 할 수 있다. 따라서 인간이 알코올을 발견하여 음용하기 시작한 때부터 와인의 역사는 시작한다고 할 수 있다.

현존하는 기록으로서 가장 오래된 것은 기원 전 4천~5천 년경에 티그리스 - 유프라테스 양대 강의 하구에 살았던 수메르인이 남긴 〈길가메시 서사시〉이다. 이 문학 작품은 고대 오리엔트 문명의 생활상을 보여주는 작품으로 '홍수가 나자 인부들이 레드 와인을 마시며 일주일 만에 배를 완성시켰다'는 기록이 나온다. 우연인지 모르지만 이 홍수 이야기는 후에 노아의 홍수(창세기9 : 20)에도 나온다.

그리고 고대 바빌로니아에서는 와인에 물을 섞는 것을 언급한 내용이 함무라비 법전에 다루어졌을 정도로 와인 산업이 발달했었다는 것을 추측할 수 있다.

좀더 확실한 역사적인 근거는 고대 이집트와 그리스의 유적에서 찾아볼 수 있다.

그리스 신화에 나오는 술의 신 디오니소스는 인류에게 와인 만드는 법을 가르쳤다고 하며, 문명의 꽃을 피운 이 시대의 풍요로움은 미술과 예술의 발달과 함께 왕족과 귀족들의 풍류 문화도 발달하게 된다. 이 때에 와인은 왕과

▲ 프랑스 코트 도르의 모르생드니에에 있는
크로 드 타트의 전통적인 방식의 포도즙을 짜는 도구인 'Perroquet'.

귀족의 고급 음료로 자리잡게 된다. 또한 이 시대에 많은 철학자들, 시인들, 음악가들이 와인을 칭송하는 시와 노래를 남겼다.

일찍이 플라톤은 '와인은 신이 인간에게 내려준 최고의 선물'이라고 찬양하였으며, 의학의 아버지라고 불리는 히포크라테스는 '알맞은 시간에 적당한 와인을 마시면 인류의 질병을 예방하고 건강을 유지할 수 있다'고 하였다.

와인의 발전

　기원 전 3100년부터 1500년에 걸쳐 고대 이집트는 제1왕조부터 제18왕조까지가 전성기였다. 피라미드 안에는 당시의 생활상을 보여주는 포도 재배와 와인 양조의 벽화가 그려져 있다. 이 벽화를 보면 포도가 아치형으로 재배되고 있는데, 이것은 오늘날 우리 나라의 가정이나 포도원에서 일반적으로 사용하고 있는 선반형 방식의 옛모습으로 볼 수 있어 포도 재배와 와인 양조는 근본적으로 현재와 크게 다르지 않은 방법으로 이루어지고 있었던 것이 아닌가 추측할 수 있다.

　기원 전 1700년경에 바빌론 왕조에 함무라비 왕이 등극하면서 바빌로니아는 최고의 번영기를 맞이하게 되는데, 함무라비 왕이 만든 법전에 와인 상인에 관한 규정이 실려 있어 당시에 와인을 중요한 음료로 취급하였다는 것을 알 수 있다. 그러나 당시의 와인은 신이나 왕족의 술로 취급되어 귀족이나 사원의 수도사 등이 마실 수 있는 정도였다.

　일반 서민들이 와인을 마실 수 있게 된 것은 기원 전 1500년경 크레타 섬 등의 에게 해 제도에 널리 전파되고부터라고 생각된다.

　와인은 그후 페르시아와 로마에 전파되어 비로소 서민들의 술이 되어 기원 전 600년경에는 페니키아인에 의해 프랑스의 북부 마르세유로 전해진다. 그리고 그후 세력을 강화해 온 페르시아인과 로마인들에 의해 프랑스 북부에 이르기까지 포도 재배와 와인 양조기술이 널리 보급되게 된다.

　특히, 프랑스의 유명한 와인 생산 지역인 론, 루아르, 샹파뉴 지방에는 줄리어스 시저(B.C. 100~44)에 의해 전파되었고, 보르도 지방에는 시저의 동료였던 집정관 마르쿠스 루시니우스 클랏수스(B.C. 114~53)에 의해 전파되었

『포도 따는 사람들』.
고대 이집트의 피라미드에 그려진 벽화.

다. 이 무렵 그리스도가 최후의 만찬에서 '이 빵은 나의 육체, 이 와인은 나의 피'라는 말을 남겨 그후 와인은 그리스도의 보혈로 그리스도교와 밀접한 관계를 갖게 된다.

중세의 와인은 그리스도교와 함께 유럽 각지에 전파되어 수도원이나 왕, 귀족들에 의해 와인 제조법이 극진히 보호되었고, 와인 제조법을 연구하는 것도 보편화되었다. 유럽의 와인은 시행착오를 거듭하면서 점차적으로 질적 향상이 이루어져 왔다고 생각된다. 그리고 17세기 말부터 사용하기 시작한 코르크 마개는 와인의 발전과 보급에 큰 영향을 주었다.

로마시대에도 코르크 마개가 사용되기는 했지만 17세기경까지는 거의 사용되지 않고, 와인의 표면에 올리브 기름 등을 흘리거나 병 주둥이를 천으로 막아 산화를 방지하는 정도였다. 그러나 이 방법으로는 산화를 완전히 막을 수가 없었고, 코르크 마개를 사용함으로써 산화를 방지하고 병 숙성에 의한 풍미의 향상과 스파클링 와인을 만들 수 있게 되었다.

18세기 루이 15세 때에는 조리기술이 현저하게 발달하게 되는데, 이것은 귀족들에게 고용되었던 요리사들이 프랑스 혁명으로 직업을 잃고 마을에서 레스토랑을 개업하게 된 것이 계기가 되었다. 혁명 후에 요리사들은 경쟁적으로 새로운 요리개발에 열중하게 되었다. 프랑스의 3대 음식 맛의 권위자인 크리모 드 라 라니엘, 브리아 사바랭, 타레이란 등도 이 시대의 사람들이다.

17~18세기경부터 유럽의 열강들이 식민지 확장에 나서기 시작하는데, 당시의 유럽 사람들은 와인에 충분히 매료되어 있었기 때문에 자신들이 점령한 식민지에 포도 묘목을 이식하여 그 곳에서 와인을 양조하였다.

알제리, 남아프리카연방, 미국, 아르헨티나, 오스트레일리아 등은 식민지 시대의 부산물이라 해도 좋을 것이다.

1828년 샴페인 지방의 포도 수확 집하 모습(Beaumont de Cryérers 소장).

생긴 포도'라는 뜻으로 중국이 원산지인 니우나이(Niunai) 품종으로 추정된다.

그리고 고려시대 귀족들이 주로 사용해오던 고려청자에 다산(多産)을 상징하는 포도송이를 그려 넣어 자손의 번성을 기원했던 점 등으로 볼 때 당시 귀족들이 포도를 즐겨 먹었음을 추측해 볼 수 있다.

조선시대의 백자에도 포도무늬가 종종 등장하는데, 그 당시 포도는 흔한 과일이 아니었다. 우리가 즐겨먹는 근대의 서양식 포도의 재배는 1906년에 서울의 뚝섬에 세워진 '권업모범장'이 시초이다. 일본인들에 의해 세워진 권업모범장에서 미국계의 진판델, 블랙 캠벨 등과 유럽종을 포함하여 7종의 포도품종을 이식하여 품종선별과 재배법을 연구하여 농가에 보급한 것에서 유래되었다. 그 이전의 포도는 머루에 가까운 포도였다.

우리 나라 와인의 역사

한반도에서 포도가 처음으로 재배된 시기는 삼국 시대로 추정된다. 기록에 의하면 기원 전 126년 중국 진안의 장건이라는 장수가 서역 정벌에 나섰다가 중앙아시아로부터 부도(포도의 옛명)를 최초로 중국에 소개하였는데, 이것이 중국을 거쳐 한반도에 소개되지 않았나 추정된다.

포도 재배에 관한 구체적인 기록은 조선시대 인조 때 신속이 엮은 농업서적인 〈농가집성(農家集成)〉의 특용작물 편에 포도 재배법을 소개한 것으로 보아 그 이전에 이미 포도를 재배하고 있었음을 추측할 수 있고, 1766년에 유중림이 홍만선의 〈산림경제〉를 증보해 엮은 〈증보산림경제(增補山林經濟)〉에서 서역(중앙아시아에서 지금의 우즈베키스탄)이 원산지인 수정마유와 그 품종(보라색, 흑색, 푸른색)을 기록하고 있다.

여기서 수정마유는 '푸른 수정빛을 띤 말의 젖꼭지처럼

그러나 경기도 안성지방에는 이보다 앞서 유럽계 포도가 소개되었다. 1900년에 남프랑스 캄블라제 출신의 안토니오 콩베르 신부가 성당을 짓기 위해 안성 지방으로 올 때 미사용으로 사용하기 위해서 뮈스카(Muscat) 품종 묘목을 가져와 심었다.

안토니오 신부는 1875년 남프랑스의 캄블라제에서 태어나 신학을 공부한 후 '파리외방전교회(아시아 지역의 선교를 목적으로 설립) 소속으로 25세 때 우리 나라의 안성지방에 온 첫외국인 선교사였다. 1906년에 안토니오 신부가 '파리외방전교회'로 보낸 편지에서 ''내가 심은 과일나무의 열매를 따먹으러 노동자의 아이들이 찾아왔고, 그들을 통해 그들의 부모들과 만나게 되었다'라고 기록하고 있는 것으로 보아 포도나무가 최소 5년 이상의 수령이 되어야 열매를 맺는다는 사실에 비추어 볼 때 1900년에 포도 묘목을 이식하여 심었다는 것을 알 수 있다. 안토니오 신부의 이야기를 정리한 윤종중의 '안성 천주교회사'에는 1916년에 경제적으로 궁핍한 사람들에게 경제적인 도움을 주기 위하여 부업으로 포도 재배를 권장하였다는 기록이 있다.

이와는 달리 역사적인 기록에 의하면 포도 묘목이 아닌 와인이 소개된 시기는 포도가 최초로 한반도에 소개된 시점보다 조금 늦은 고려시대로 거슬러 올라가게 된다. 고려시대 충렬왕 11년(1285년)에 원나라의 원제(元帝)가 고려의 왕에게 와인을 보냈다는 기록이 있고, 조선시대 인조 14년(1636년)에 간행된 김세렴의 〈해차록(海叉錄)〉에는 통신부사였던 김세렴 자신이 대마도에서 서양의 레드 와인을 마셨다는 기록이 있다. 그리고 효종 4년(1653년)에 하멜이 제주도에 표류했을 때 지방 관리에게 레드 와인을 상납하였다는 기록이 있다. 또한, 1837년의 문헌인 〈양주방(釀酒方)〉에도 포도주를 만드는 방법이 기록되어 있지만, 오늘날의 양조법과는 다소 차이가 있었던 것 같다. 그 외에 고종 때 독일인 오펠트가 포도주와 셰리, 샴페인 등을 소개한 것으로 전해진다.

근대에는 일제시대 때 경북 포항의 미쯔와 농장에서 포

도주를 만든 것이 기업형의 시초이지만 실제로 포도주다운 포도주는 1970년대에 와서야 만들어지기 시작했다.

현대적인 양조기술이 한국에 뿌리 내리게 된 것은 1970년대 초 마주앙 기술진에 의해서이다. 독일에서 양조기술을 익힌 기술진들이 경북 청하와 경남 밀양에 포도원을 조성하여 리슬링(Riesling)과 사이벨(Seibel), 뮈스카(Muscat) 품종으로 만든 마주앙이 순수 국산 와인 1호라고 할 수 있다. 1977년부터 시판에 들어간 마주앙은 화이트와 레드가 함께 생산되었고, 1984년부터는 품질이 좀더 향상된 코르크 마개를 사용한 마주앙 스페셜이 생산되기에 이른다.

1980년대는 국산 와인의 춘추전국시대로 포도 재배면적과 생산량이 최대에 이르게 되었다. 1981년에는 프랑스 보르도 지방의 와인 연구진들이 방한, 이들로부터 기술지도를 받은 진로의 와인 기술진들이 샤토 몽블르를 생산하기에 이르고, 수석 농산에서는 (주)파라다이스 농산을 인수하여 경남 산청지방에서 사이벨과 머스캣 베일리 A를

주품종으로 하여 화이트와 레드, 로제를 만들었고 1990년에 샹테 샤르망을 생산하게 되었다. 그리고 1982년에 프랑스 Deutz Gelderman사와 기술제휴를 한 대선주조는 경남 함안지방의 백악질 토양에서 재배한 샤르도네 품종을 샹파뉴 방식으로 만든 국산 1호의 정통 스파클링 와인 그랑주아를 1987년에 시판하기에 이르렀다. 또한, 해태에서는 사이벨과 뮈스카, 머스캣 베일리 A종으로 로제와 레드, 화이트의 노블 클레식을 만들어 시판하게 되었다.

그러나 1987년 수입 자유화의 영향과 과잉경쟁으로 인하여 1990년대 초를 끝으로 국산 와인은 겨우 일부 화이트 와인만이 명맥을 유지하고 존폐의 기로에 서게 된다.

함무라비 왕과 와인

기원 전 1700년경 고대 바빌로니아의 함무라비 왕이 만든 함무라비 법전에는 와인에 관한 규정이 나와 있다. 이것은 현재 프랑스 루브르 박물관에 전시되어 있는 비문을 통해 알 수 있다. 이 법전에는 신전에서 일하는 여성에게는 와인 파는 것을 금하고, 신전 내에서의 부정이나 독직을 금하며, 와인상인은 술버릇이 나쁜 사람에게는 와인을 파는 것을 금하고 있다. 만약에 우리 주변의 몇몇 사람들이 그시대에 태어났더라면 아마도 와인 한병도 살 수 없는 사람들이 꽤 많았을 것이다.

또한 함무라비 왕은 포도 수확기에는 와인 마시는 양도 제한하고 있었다. 아마도 프랑스의 포도수확을 하는 노동자들이었다면 동맹파업(?)을 하였을지도 모를 일이다.

와인의 분류

제법에 의한 분류

와인의 색

와인의 맛

와인의 상품구조

제법에 의한 분류

한마디로 와인이라고 부르지만 와인의 종류는 다양하다. 제조법으로 분류하면 다음과 같다.

1. 스틸 와인(Still Wine)

와인은 발효중에 알코올과 함께 탄산가스가 발생하는데, 이 가스를 남기지 않은 와인을 스틸 와인이라고 한다. 우리가 흔히 말하는 와인은 이 와인을 일컫는 말이다.

스틸 와인은 무발포성이라는 뜻으로 주로 식사하면서 마시기 때문에 테이블 와인이라고 불리는데, 그 중에 당분을 남긴 것은 디저트용으로 마시기도 한다.

또 가벼운 탄산가스를 함유한 와인 중 20℃에 1기압 미만은 스틸 와인으로 분류한다.

2. 스파클링 와인(Sparkling Wine)

거품이 일어나는 와인이라는 뜻이다. 우리 나라에서는 스파클링 와인이라고 하는데 샴페인과 같은 와인이다.

샴페인은 스틸 와인을 병에 담아 당분과 효모를 첨가해 병 내 2차 발효를 일으켜 와인이 발포성을 갖도록 한 것이다.

샹파뉴 지방을 제외한 지역에서 이 방식으로 만들어진 스파클링 와인을 샴페인 방식(Method Champanoise) 또는 크레망(Cremant)이라고 표기하고 있는데, 이것은 신흥 와인 생산국 등에서 스파클링 와인에 샴페인이라고 표기, 판매한 데에 따른 샹파뉴 지방 사람들의 반발 때문이다. 오늘날에는 다른 지방이나 신흥 와인 생산국 등에서 이 표기법을 쓰고 있다. 또한, 샴페인 방식의 '병 내 2차 발효법'[주1]은 침전물을 제거하는데 비용이 많이 들기 때문에 병 내 2차 발효 후 와인을 탱크에 옮겨 여과기를 통과시켜 병입하는 방법이 미국 등의 일부 신흥 와인 생산업자에 의해 이루어지고 있다.

이 방법을 'Transed Method' 라고 부른다.

이외에 비용과 시간이 많이 걸리는 병 내 2차 발효의 공정을 단순화해 큰 탱크에서 2차 발효를 시키는 '탱크 내 2차 발효' 도 있는데 이것을 샤르마법(Method Charmat) 이라고 부른다. 이 방법은 제조 원가를 낮추는 데 많은 기여를 하였다. 이 탱크 내 발효는 향이 좋은 포도의 향을 보존하기 위해서 주로 사용되는데, 이 경우 과즙의 정제를 특별히 유념해서 해야 하고 1차 발효에서 바로 스파클링 와인으로 만드는 경우도 있다. 그리고 보통 가볍게 마시는 스파클링 와인을 만드는 경우에는 발효에 의해 생성되는 탄산가스를 저장해 두었다가 스틸 와인에 녹여 넣는 '탄산가스 취입법' 이라고 불리는 간편한 방법도 사용된다.

스파클링 와인을 프랑스에서는 뱅 므스(Vin Mousseux), 독일에서는 샤움바인(Schaumwein), 이탈리아에서는 스푸만테(Spumante)라고 부르는데, 20℃에서 탄산가스 3기압 이상의 와인을 말한다. 1 ~ 3.5기압의 약발포성 와인을 프랑스에서는 뱅 페티앙(Vin Petillant), 독일에서는 파르바인(Perlwein)이라고 한다.

3. 포티파이드 와인(Fortified Wine)

주정 강화 와인 또는 알코올 강화 와인[주2] 이라고 한다.

과즙을 발효시키지 않거나, 일부를 발효시켜 와인을 만들고 나서 브랜디 등을 첨가한 것으로 알코올 도수를 높이거나 단맛이 나게 하여 보존성을 높인 와인이다.

프랑스의 뱅 드 리쿼르(Vin doux Liquere), 스페인의 셰리(Sherry), 포르투갈의 포트 와인(Port Wine)이나 마데이라(Madeira) 등이 대표적인 강화 와인이다.

4. 플레버드 와인(Flavored Wine)

가향 와인 또는 혼성 와인이라 불린다. 와인 속에 향초류, 과실, 꿀 등을 첨가해 풍미에 변화를 준 것으로 이탈리아의 버므스(Vermouth), 스페인의 상그리아(Sangria)가 대표적이다.

와인의 색

앞에서 기술한 어떤 타입의 와인도 원료포도의 색소를 와인 속에 용출시키느냐 아니냐에 따라 여러 가지 다양한 색이 된다.

	적포도주	화이트 와인	로제 와인
영 어	red wine	white wine	pink wine
프 랑 스 어	vin rouge	vin blanc	vin rose
독 일 어	Rotwein	Weissweine	Roseewein
이 탈 리 아 어	vino rosso	vino bianco	vino rosato
스 페 인 어	vino tinto	vino blanco	vino rosado

레드 와인, 화이트 와인의 경우 보통 Red와 White라고 영어로 표현하지만, 장미색 와인의 경우 로제 와인(Rosé Wine)이라는 프랑스어로 표현하는 경우가 많다.

주)
특별한 예로, 노란 와인(Vin jaune)라고 불리는 것도 있다. 프랑스 쥬라 지방에서 생산되는 와인으로 사바뇽종의 청포도를 원료로 해서, 발효를 천천히 진행시킨 후 술통에 넣어 다른 것을 전혀 보충하지 않고 최소 6년간 숙성시킨다. 와인은 진한 노란 색을 지니고, 맛도 드라이한 셰리에 가까운 것이 된다.

와인의 맛

와인의 맛은 드라이한 맛(Dry, Sec, Trocken)과 단맛(Sweet, Doux, Suss) 사이에서 다양하게 변화한다. 레드 와인의 대부분은 드라이하지만 화이트 와인에는 드라이에서 스위트까지 아주 드라이한 맛, 드라이한 맛, 조금 드라이한 맛, 은근히 단맛, 조금 단맛 등의 다양한 타입이 있다.

여기서 드라이하다고 하는 맛은 '감미가 없다'라고 해석하는 것이 옳은 표현이다. 최근에는 와인 병에 스위트, 드라이 등을 표시해 판별하기 쉽게 되어 있는 와인도 늘어나고 있다.

E.C.의 와인법에서는 드라이한 맛은 1L 중 당분 4g 이하의 것 또는 9g 이하로 당분과 산의 차가 2g 미만의 와인으로 규정하고 있다. 또한, 조금 드라이한 것은 당분 12g 이하의 것 또는 당분 18g 이하로 당분과 산의 차가 10g 미만의 것으로 하고 있다. 그리고 조금 단맛은 당분 45g 이하로 규정하고 있다. 그러나 이것은 현재 일반인들이 느끼는 것과는 약간의 차이가 있으므로 조정이 필요하다.

레드 와인은 탄닌의 떫은맛이 중요한 역할을 한다. 그러므로 그만큼 자극의 강도나 양에 따라서 풍미에 영향을 미치게 된다. 타닌을 많이 함유한 경우에는 와인의 특성에 따라 제 맛이 날 때까지 숙성시킬 필요가 있다.

끝으로 마시는 때에 따라 식전주(Appetizer, Apéritif), 식중주(Table Wine, Vin de Table), 식후주(Dessert Wine, Digestif) 등 T.P.O.에 따라 적합한 와인이 있다.

식전에 적합한 와인, 식사중에 적합한 와인, 식후에 즐기는 와인, 식사와 관계 없이 즐기는 와인 등이 있다.

어느 와인이 무슨 용도라고 꼭 단정지을 수는 없지만, 예를 들어 드라이한 맛의 셰리와 버므스 등은 식전주로 적합하고, 단맛이 없는 스틸 와인은 식사를 하면서 마시기에 적합하며, 단맛의 와인이나 단맛의 셰리, 포트 와인 등은 식후에 적합하다고 할 수 있다.

독일의 모젤 지방에서는 베렌아우스레제(Beernauslese)등급 이상의 와인을 만들 때는 포도알을 손으로 일일이 골라서 딴다.

와인의 상품 구조

와인의 종류는 헤아릴 수 없이 많다. 가격도 아주 싼 것에서부터 최상급의 보석을 살 수 있을 정도로 아주 비싼 것까지 천차만별이다. 따라서 정리해서 생각하지 않으면 혼란스러워 이해하기가 어렵다.

경제법칙에서 가격은 수요와 공급의 관계에 따라서 결정되지만 그 상품의 풍미와 함께 그 개성에 따른 인지도의 강약도 수요에 영향을 미쳐 가격에 반영된다. 따라서 명성이 있는 생산자는 자기의 확고한 개성을 유지하기 위한 노력을 항상 아끼지 않으며, 새롭게 명성을 얻고자 하는 생산자도 개성을 확립시키기 위해서 계속 노력하고 있다.

이것과는 반대로 많은 생산자들 가운데에서 전망이 있는 와인을 골라 사들인 후 브랜드화하여 품질이 안정된

많은 양의 인지도 있는 상표의 와인을 시장에 내보내는 것도 와인상의 중요한 역할이다.

그러나 현실적으로 양자의 중간적인 형태의 와인도 많이 있어 다양한 상품구조를 형성하고 있다. 하지만 이것을 정리해 보면 수없이 많은 와인도 다음의 네 가지 형태로 크게 구분할 수 있다. 타입에 따라 가격도 큰 차이가 있지만 단순하게 품질은 가격에 비례한다고 생각하지 말고 각각의 특징에 주목해서 목적에 맞는 가장 효율적인 와인을 선택하는 것이 바람직하다.

I. 물 대신 마실 수 있는 타입

유럽의 와인 대소비국들은 수질이 나쁜 곳이 많아 위생적으로 안전한 음료로 물 대신 마실 수 있는 와인이 소비

의 대부분을 차지하고 있다. 이런 형태의 와인은 싼 가격으로 풍미는 별로 신경쓰지 않는다.

2. 산지의 개성을 강조하는 타입

와인의 개성은 산지의 다양한 조건에 영향을 받기 때문에 유명산지의 와인은 지역명이나 밭의 이름으로 개성을 판단한다. 이 형태는 산지의 개성을 즐기는 사람이 마시기 때문에 소비자의 기호에 맞는 맛을 만들기는 불가능하다.

산지를 명시하지 않은 와인은 아무리 뛰어난 맛을 가졌다고 해도 고급와인으로 인정되지 않는다.

3. 생산자의 독자적인 개성으로 인기를 얻은 타입

생산지의 특성도 갖고 있지만, 그것에 생산자의 독자적인 개성을 보태 보다 높은 인기가 있는 형태로 당연히 고가이다. 또한, 긴 역사 속에 품격이 매겨진 나라도 있다. 독자적인 개성을 즐기기 위해 비용을 아끼지 않는 사람이 마시는 타입이다.

4. 적당한 가격으로 맛있게 마실 수 있는 와인을 지향하는 타입

기호는 사람에 따라 큰 차이가 있기 때문에 소비자의 층을 좁혀 그 층에 맞는 맛을 조절하는 것이 필요하다. 이 타입이 그러한 성격을 띠고 있다. 때문에 산지의 특성이 없어지고 적당한 가격을 위해 여러 가지 노력도 한다. 신흥 소비국에서 시도해볼 만한 타입이다.

원료 포도

포도와 와인

'좋은 와인은 좋은 포도에서' 라는 말이 있듯이 포도 재배는 와인의 생명이다. 그러나 좋은 와인은 좋은 제조법도 필요로 한다.

와인은 곡류를 원료로 하는 맥주나 청주와 달리 수분을 다량 포함하고 있는 포도로 만들어지기 때문에 원료의 품질에 따라 제조 공정을 조정할 수 있는 여지가 적어 원료 포도의 품질이 와인의 품질에 미치는 영향이 다른 술보다 훨씬 크다.

유럽의 주요 와인 생산국에서는 각 토양에 알맞는 포도 품종을 재배하고 있는데, 품종과 포도의 성숙도 등이 와인의 맛에 큰 영향을 미치고 있다. 따라서 와인의 경우 다른 술보다도 훨씬 산지의 특성에 큰 관심을 갖게 되고, 법률로 그 지역을 제한하며 품종, 재배법, 수확량, 성숙도, 양조법 등을 규정하여 각 토양의 특성과 와인의 개성을 지키도록 하고 있다. 그리고 개성이 널리 알려져 유명해지면 그 토양에서 생산된 와인의 가격도 상승하게 되는

수확기가 끝나고 휴면기에 들어가기 전
가지치기를 끝낸 포도나무.

카베르네 프랑(Cabernet Franc).

것이다.

유럽의 라틴 민족 국가에서는 수질이 나쁘고, 또 미생물에 의한 수질오염으로 폐병이 심하게 유행했었기 때문에 가장 위생적인 음료로 와인을 마셔왔던 것이다. 이렇게 물 대신 마시는 와인은 개성을 별로 따지지 않고, 안전성만을 고려한 와인이 대부분이므로 앞에서 기술한 바와 같은 개성이 있는 와인은 극히 적은 비율을 차지한다. 그러나 물이나 맥주도 많이 마실 수 있는 현재와 같은 다양화 시대에는 싼 가격의 와인도 단순히 물 대용(代用)이 아니라 그 나름의 맛을 즐기는 술로 위치가 바뀌고 있다. 따라서 가격이 싼 와인이라 해도 맛의 밸런스는 중요하기 때문에 반드시 산지의 특성에 구애받지 않고 여러 산지의 와인을 각각의 특징을 살리면서 브랜드화해서 안정된 품질의 와인을 대량으로 만드는 것도 중요하게 여겨지게 되었다.

포도는 전 세계에서 재배되고 있는데 크게 양조용, 식용, 건포도용으로 구분할 수 있다. 세계 포도의 약 12%가 식용으로, 7%가 건포도용으로 사용되며, 나머지가 와인과 브랜디용으로 사용되고 있다. 또 전 세계 와인의 80%가량이 유럽에서 생산되고 있다.

우리 나라에서는 포도 재배 비율의 약 97%를 식용 포도가 압도적으로 차지하고 있고, 나머지 양조용 포도도 거의가 식용과 양조겸용 품종을 사용해 순수한 양조용 품종은 일부 생산자가 재배하고 있을 뿐이다.

우리 나라의 기후는 대륙성 기후로 유럽 품종의 재배가 어려운 반면에 병충해에 강하고 뿌리가 튼튼한 미국계 품종의 재배가 쉽고, 식용 포도가 수익성이 높기 때문에 농민들은 양조용 품종의 재배에 소극적이다. 와인 보급에 따라 양조용 포도의 사용 비율이 높아지면 점차적으로 양조용 품종의 재배 비율이 높아질 것이라 생각되지만, 아직은 극복하지 않으면 안 될 여러 가지 장애 요인이 있다. 우리 나라에서 유럽계 양조용 품종 재배의 대표적인 곳으로는 경북 경산의 마주앙 포도원이 있으며, 주재배 품종은 리슬링으로 1970년 초에 독일에서 묘목을 들여와 포도원을 이룬 것이다. 이 곳은 양조 전문 포도원으로 1970, 1980년대에 국산 양조용 포도의 최대 산지였으나, 우리 나라의 기후 여건상 포도의 성숙기인 7, 8월의 집중호우로 당분의 축적이 어렵고 점토가 많은 토양 조건 때문에 배수가 잘 안 되어 양질의 포도를 생산하는 데 한계가 있어 지금은 수입 와인에 밀려 생산량이 거의 전무한 상태이다.

와인의 성격은 원료 포도의 성질이나 양조 기술의 영향을 받는데 이것을 정리하면 다음과 같다.

메를로(Merlot).

포도의 성질에 영향을 주는 요소(Terroir)

1. 기후 조건 --- 지리적(평균 기온, 평균 강우량, 평균 일조량)

2. 포도 품종 --- 기후 적성, 항병충해성, 품종의 개성

3. 토양 --- 토질, 수분 보유성, 토양 성분

4. 지형 --- 일조 조건, 배수, 바람이나 서리의 영향

5. 재배법 --- 키우는 방법, 재배 기술, 경작자의 마음가짐

6. 그 해의 기상 조건 --- 기온, 강우량, 일조 시간

양조 조건의 영향

1. 양조, 숙성 설비 --- 전통적 설비, 근대적 설비

2. 양조 기술 --- 전통적인 기술과 과학 기술에 바탕을 둔 근대적인 기술

3. 양조 기술자의 마음가짐

술의 품질은 자연 조건과 양조 기술과 양조 기술자의 마음가짐에 의해 결정된다고 할 수 있다.

포도의 구조

포도송이는 과경과 과립으로 나누어진다. 과경과 과립의 사이에 짧은 가지 부분이 있는데, 이것을 과병이라 한다.

과병은 와인 양조에는 필요 없으므로 대부분의 경우 제거하지만 과경 속의 떫은맛과 쓴맛을 이용하여 와인의 떫은맛을 내기 위해서 과경을 함께 넣는 곳도 있다.

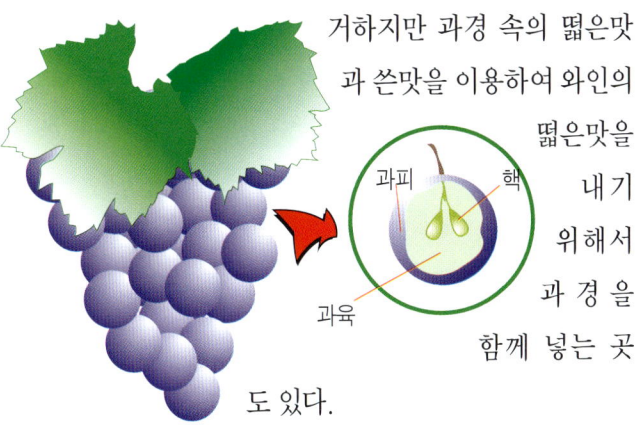

과피   핵

과육

과립은 와인의 원료로 과피[주1)]와 과육[주2)]과 핵(씨)[주3)]으로 구성되어 있다.

과피에는 색소가 포함되어 있고 레드 와인과 로제 와인의 색은 이 과피에 포함된 안토시안 색소에 의한 것이다. 이 외에 과피에는 타닌 성분도 함유되어 있어 레드 와인의 떫은맛을 낸다. 화이트 와인은 과피를 짜서 없애고 과즙만을 발효시키기 때문에 떫은맛도 적어진다.

타닌 성분은 씨의 가운데나 그 주변에 많이 함유되어 있어 레드 와인의 떫은맛의 대부분은 여기에서 나온다.

과피에 함유된 과즙의 당도나 산이 와인의 품질을 결정짓는 가장 중요한 요소이다.

과육은 3개의 층으로 구성되어 있는데, 껍질에 접하고 있는 제1층과 핵(씨)에 접하고 있는 제3층, 그리고 보다 중간에 위치한 제2층인 과육은 즙을 짜내기에 가장 좋은 곳이다.

발효시에 휘발성 성분인 에탄올, 기산메탄올, 브로반올, 이소부탄올, 기산에탄올, 작산메틸, 아세톤, 3-메틸부탄올, 메탄올, 안스날린산 메틸 등도 함께 생성되지만 와인이 된 후에는 대부분 공기 중으로 날아가 버린다

주1) 과피

과피의 표면에는 피막이 엷게 덮혀 있어 빗물이나 이슬로부터 포도알을 보호하며, 내부의 수분 증발을 막고, 미생물로부터 포도를 보호하는 역할을 하고 있다.

귀부 포도에는 보트리티스 시네레아(Botrytis Cinerea)균이 피막을 녹여 보호작용을 없애고 내부의 수분 증발을 촉진하여 뿌리에서 수분을 빨아 올리고 있음에도 불구하고 과립 속의 당분이 농축되어 어떤 경우에는 당도가 60%에 이르러 당의 용해도 한계까지 상승하기도 한다.

과피의 세포에는 색소가 함유되어 있다. 색소는 폴리페놀류에 속하는 것으로 흑 포도의 색소는 안토시안이라고 불리는 타닌에 마르비진, 테르피니진 등이 배당체 모양으로 존재하고 있다. 비니 페라계의 포도는 1개의 당과 배당체로 구성되어 있고, 라브루스카계의 포도는 복수의 당과 배당체로 구성되어 있는데, 페이퍼 크로마드로 구별할 수 있다. 백포도의 황록색 과피에는 미량의 크산토필, 클로로필과 함께 안토시안 색소와 구조가 닮은 플라보노이드 색소가 함유되어 있다. 레드 와인이 덜 숙성 되었을 때 자색을 띠는 적색에서 점차적으로 갈색 빛이 증가하고, 화이트 와인은 녹색 빛을 띠는 아주 엷은 황색에서 황금색을 거쳐 갈색 빛이 증가하게 되는데 그것은 이 색소가 산화로 변화하기 때문이다.

주2) 과육

포도의 과육은 일반적으로 흑포도와 백포도 모두 안토시안 색소를 함유하고 있지 않다. 따라서 흑포도로도 화이트 와인을 만들 수 있다. 과즙의 성분은 다음의 표와 같이 약 80%의 수분과 당분, 산을 비롯하여 단백질, 비타민, 미네랄, 방향 성분 등 많은 종류의 물질이 포함되어 있고, 이 과즙의 품질이 와인의 풍미에 커다란 영향을 미치기 때문에 원료 포도의 선택이 매우 중요하다. 개인 소유의 포도원에서 만들어진 와인이 인기가 높은 것은 원료에서부터 제품에 이르기까지 일관된 방식으로 와인 제조가 이루어짐으로써 특별한 개성을 가진 와인이 만들어지기 때문이다.

주3) 핵(씨)

핵의 성분은 지방, 단백질, 당질을 비롯하여 많은 물질이 함유되어 있다. 레드 와인의 경우 과피와 씨도 함께 발효시키기 때문에 씨 속의 타닌 성분이 와인 속에 일부 녹아 나온다. 이 타닌은 와인의 떫은맛이 되고, 풍미에 중요한 영향을 주지만 이성분이 너무 많아 덜 숙성되었을 때에는 와인이 너무 거칠어 마시기가 어렵다. 타닌의 용출은 색소만큼 빠르지 않기 때문에 색소를 빼내는 방법을 연구하면 색이 진하면서 덜 숙성시켜서 마실 수 있는 레드 와인을 만들 수 있다.

	포도의 성분 (%)	와인의 성분 (%)
수 분	70 ~ 85	80 ~ 90
탄수화물	15 ~ 25	0.1 ~ 0.3
포도당	8 ~ 13	0.5 ~ 0.1
과 당	7 ~ 12	0.05 ~ 0.1
아미노산	0.08 ~ 0.2	0.08 ~ 0.2
비타민(B₁, B₂, B₆, B₁₂, C)	0.01 ~ 0.1	소량
알코올류	소량	8.3 ~ 16.6
에탄올	미량	8.0 ~ 15.0
글리세린	0	0.3 ~ 1.4
알데히드	소량	0.001 ~ 0.050
유기산	0.3 ~ 1.5	0.3 ~ 1.1
주석산	0.2 ~ 1.0	0.1 ~ 0.6
사과산	0.1 ~ 0.8	0.0 ~ 0.6
구연산	0.01 ~ 0.05	0.0 ~ 0.05
규 소	0	0.05 ~ 0.15
유 산	0	0.1 ~ 0.5
작 산	0.00 ~ 0.02	0.03 ~ 0.05
타 닌	0.01 ~ 0.1	0.01 ~ 0.3
이산화합물	0.03 ~ 0.17	0.01 ~ 0.09
미네랄	0.3 ~ 0.5	0.15 ~ 0.4

포도의 품종

> 포도의 품종은 크게 유럽계(1종), 서아시아계(28종), 미국계(40종), 동아시아계로 나누어진다.

그러나 세계 와인의 98%는 유럽계(Vitis vinifera) 품종으로 만들어지며, 미국계 품종은 플레버드 와인이나 주스를 만들 때 주로 사용된다. 동아시아계 품종은 야생 포도로 기껏해야 산머루주를 담그는데 사용하는 정도이다.

포도의 품종에는 약 8,000여 종이 있다고 한다. 그러나 양조용으로 널리 재배되고 있는 품종은 100종 이하로 보면 된다. 그리고 세계 각지에서 유럽계의 고급 품종의 재배가 성행하고 있으나 포도 품종에는 토양에 잘 맞는 품종과 안 맞는 품종이 있기 때문에 그 토양에 맞는 품종 개량의 연구가 활발하게 진행되고 있다.

그러나 포도의 품종 개량에 대한 연구는 나라에 따라 다르다. 프랑스 몽펠리에에 있는 농업 전문 학교의 포도 연구소에서는 교배종을 포함해 약 50,000종의 포도를 보유하고 있기는 하지만 프랑스의 경우 산지가 한정되어 있는 고급 와인은 교배종의 사용이 금지되어 있기 때문에 현실적으로 별로 실용가치가 없다. 이에 비해 독일은 적극적으로 품종 개량을 하고 있다. 현재 독일에서 가장 널리 재배되고 있는 품종인 뮐러 투르가우(Müller-Thrugau)도 교배종이고, 케르너(Kerner) 등의 신품종이 계속 실용화되고 있다.

I. 유럽종(Vitis vinifera)

유럽종의 원산지는 카스피 해 연안의 코카서스 지방이

다. 이것이 서방으로 퍼져, 지중해 연안에서 유럽의 중남부에 이르기까지 전파되었고, 근대에 들어서면서 세계 각국으로 재배면적이 넓혀지고 있다. 그리고 지금은 각지의 토양, 풍토에 잘 적응하여 특색 있는 포도로 자라고 있다. 양조용으로 가장 적합한 품종에는 다음과 같은 것이 있다.

Red Wine용 포도 품종

카베르네 소비뇽(Cabernet Sauvignon)

카베르네 프랑(Cabernet Franc)

피노 누아르(Pinot Noir)

메를로(Merlot)

White Wine용 포도 품종

세미용(Semillon)

샤르도네(Chardonnay)

피노 블랑(Pinot Blanc)

소비뇽 블랑(Sauvignon Blanc)

리슬링(Riesling)

2. 미국종(Vitis labrusca)

미국 동부가 원산지인 품종으로 콩코드(Concord)가 있다. 이 외에 교배품종으로 캠벨얼리(Campbell's Early), 나이애가라(Niagara), 델라웨어(Delaware), 스투벤(Stuben) 등이 있는데 모통 이것을 비티스 라브루스카라고 부른다. 특유의 향이 있어 식용 또는 주스용으로는 적당하나 와인으로 양조하면 특유의 향이 여우 냄새(Foxy Flavor)처럼 느껴져 싫어하는 이들이 많다. 그러나 비티스 라브루스카계의 포도는 튼튼하고 키우기 쉬운 이점이 있어 우리 나라에서는 재배량이 많다. 따라서 이 여우 냄새(Foxy Flavor)가 강하게 나지 않도록 하는 양조법을 개발해 비티스 라브루스카계의 포도를 양조용으로 사용하는 것도 생각해볼 만하다. 또 비티스 라브루스카계와는 다르지만 미국에는 필록세라에 내성을 가진 품종이 많아 현재의 유럽 품종들은 거의 비티스 리파리아(V. riparia), 비티스 루페스트리(V. rupestris) 등의 미국계에 접목시켜 재배하고 있다.

3. 교배품종

프랑스에서 사이벨(Seibel), 시이브 빌라르(Seyve-Villard) 등의 교배품종이 만들어졌지만 전통을 중요시하기 때문에 산지를 명확히 표시하는 와인에는 사용을 금지하고 있다.

이에 반해 독일은 품종개량이 아주 활성화된 나라로 재배량이 가장 많은 밀러 투루가우(Müller-Thrugau)도 리슬링과 실바너의 교배종이며, 최근에도 케르너(Kerner), 쇼이레베(Scheurebe), 모리오 무스카트(Morio-Muskat) 등을 비롯하여 많은 신품종의 재배면적이 늘고 있다.

우리 나라도 외국의 경우와 비교해 보면 유럽종 포도를 재배하기 어려운 기후조건 때문에 교배 품종이 일부 만들어졌고, 일본에서 들어온 교배종을 재배중에 있다. 주요 품종을 보면 다음과 같다.

양조용 교배 품종

<레드 와인용>

머스캣 베일리 에이(Muscat Bailey-A)
블랙 캠벨(Black Campbell)

<화이트 와인용>
리슬링 라이온(Riesling lion)
사이벨(Seibel)
머스캣(Muscat)

주요 포도 품종별 특징

포도는 같은 품종이라도 재배되는 지역의 기후, 지형, 토양, 일조량 등의 제반 조건에 따라 익는 시기도 다르다. 따라서 기후가 다른 지역에서 재배되는 다른 품종의 숙성 시기를 같은 기준으로 비교하는 것은 바람직하지 않다. 예를 들어 리슬링은 독일에서는 숙성시기가 가장 늦은 품종이지만, 미국이나 오스트레일리아 등에서는 오히려 중기에서도 조금 빠른 시기에 익는 품종에 속한다.

포도의 생육 조건으로는 온도와 함께 일조시간이 중요하기 때문에 일반적으로 추운 지방에서는 같은 조건에 있어서 빠른 시기에 익는 품종을, 더운 지방에서는 만기에 익는 품종을 재배하여, 통상적으로 9월 중순에서 10월 하순에 걸쳐 수확할 수 있도록 하고 있다.

또한 포도 품종의 기후 적성을 보기 위해서 미국에서는 포도의 생장기인 4월에서 10월의 월간 평균 기온주) 화씨 50°(100℃) 이상의 부분을 누계해, 캘리포니아의 포도 재배지역을 5개의 지대로 구분하고 있다. 이것을 세계의 유명산지에 적용시키면 다음과 같다.

> 주)
> 평균 기온의 산출 방법은 나라에 따라 차이가 있기 때문에 정확히 같은 조건에서 비교한다는 것은 어렵다.
> 미국에서는 매일 (최고기온-최저기온)÷2를 일일 평균기온으로 계산하여 그것으로 월간 평균기온을 계산하고 있다 (계산기간 : 4월 1일부터 10월 31일까지 214일).

I 지대　적산 온도 2,500도F 이하 --- 기온이 아주 낮은 지역 --- 피노 누아르, 리슬링

　　▶ 독일 (모젤, 라인 가우)

　　▶ 프랑스 (상파뉴, 부르고뉴 북부)

II 지대　적산 온도 2,501~3,000도F --- 기온이 낮은 지역 --- 고급 레드 와인과 화이트 와인

소테른 지방의 포도밭(Semillon).

▶ 프랑스 (보르도, 코트 뒤 론 북부)

▶ 이탈리아 (피에몬테 북부, 아르트디아제)

▶ 미국 (나파밸리, 소노마의 대부분, 산타 바바라)

Ⅲ 지대 적산 온도 3,001~3,500도F --- 조금 높은 기온의 지역 --- 풀 바디드 레드와 라이트 화이트 와인(Full Bodied Red & Light White Wine)

▶ 프랑스 (몽펠리에 등 남프랑스 일부)

▶ 이탈리아 (롬바르디아, 베네토)

Ⅳ 지대 적산 온도 3,501~4,000도F --- 높은 기온의 지역 --- 디저트와 강화 와인(Dessert & Fortified Wine)

▶ 이탈리아 (토스카나)

▶ 스페인 (헤레스)

▶ 미국 (데이비스)

▶ 아르헨티나 (멘도사)

▶ 오스트레일리아 (아데레도 근방의 남오스트레일리아)

▶ 알제리 (오란)

Ⅴ지대 적산 온도 4,001도F 이상 --- 현저하게 높은 기온의 지역 --- 포트 와인(Port Wine)

▶ 이탈리아 (시실리)

▶ 스페인 (알리칸테)

▶ 미국 (프레스노)

▶ 알제리 (알제)

독일 모젤 지방의 포도원 전경.

소테른 지방의 특급 포도원 Ch. D' Yquem.

생테밀리옹 지방의 포도밭.

독일 모젤 지방의 가파른 포도원.

레드 와인용 주요 품종

1. 카베르네 소비뇽(Cabernet Sauvignon)

프랑스 보르도 지방의 대표적인 품종으로 특히 메독, 그라브 지구에서 재배면적이 가장 넓다.

보르도의 레드 와인이 세계 시장에서 높은 가치를 지니고 오랜 숙성에 견디는 것은 이 품종의 강한 개성이 가지는 특성의 영향이 크다. 덜 숙성된 와인을 마셔야 할 경우 마시기 괴로운 점이 있다는 것이 결점이라 할 수 있다. 재배 적지는 II, III 지대이지만 비교적 적응력이 좋은 품종으로 최근에는 세계 각지에서 재배되고 있다.

껍질은 엷은 청색으로 두껍다. 포도알이 작고 촘촘하며, 과즙이 풍부하고, 숙성기간은 약간 늦은 중기에 속하지만 보르도에서는 가장 만숙하는 품종이다. 꽈리향이라 일컬어지는 푸른 풀의 향이 특징으로 타닌도 많고 숙성에 따른 특성이 잘 나타나는 품종이다.

2. 카베르네 프랑(Cabernet Franc)

프랑스 보르도 지방의 메독에서는 카베르네 소비뇽의 보조 역할을 하지만, 생테밀리옹과 루아르 지방에서는 주 품종으로 사용된다. 숙성기간은 카베르네 소비뇽보다 약간 빠르고 와인의 성격도 약간 온화하며 깊은 맛이 있다. 와인의 숙성도 카베르네 소비뇽보다 빠르다. 포도송이는 카베르네 소비뇽보다 약간 크며, 생테밀리옹에서는 부쉐(Bouchet), 루아르에서는 브르통(Breton)으로 불리고 있다.

3. 메를로(Merlot)

생테밀리옹과 포므롤에서 재배되는 주요 품종으로 보르도 지방에서 가장 많이 재배되고 있다. 카베르네 소비뇽에 비해서 약간 숙성기간이 빠르고, 포도송이도 크다. 과피가 약간 얇기 때문에 상처나기 쉬워 재배하기 어려운 단점이 있다. 타닌은 카베르네 소비뇽보다 조금 적으며 와인의 숙성도 보다 빨라 부드러우며 깊은 맛이 있다.

4. 피노 누아르(Pinot Noir)

프랑스의 부르고뉴 지방과 샹파뉴 지방에서 재배되고 있는 품종으로 적지는 Ⅰ, Ⅱ의 기온이 낮은 지역이다. 숙성이 빠르며 알이 작고, 카베르네 소비뇽에 비해 개성이 약하기 때문에 기온이 높은 곳에서는 특성을 발휘하기 어려운 품종이다. 와인의 색도 조금 엷게 나오는 편으로 타닌이 적고, 숙성이 빠르므로 빨리 마실 수 있다. 덜 숙성되었을 때는 프루티(Fruity)한 향이 나고, 숙성에 따라 아로마틱(Aromatic)한 향이 나는 품종이다.

독일에서는 브라우어 슈페트부르군더(Blauer Spät - burgunder)라고 부른다.

5. 시라(Syrah)

프랑스의 코트 뒤 론 지방 북부에서 주로 재배되고 있는 품종이다. 원산지는 서아시아로 십자군 전쟁 때 유럽에 전파되면서 에르미타주(Hermitage), 쉬라즈(Shiraz. 이란 남부의 항구 Shraz에서 유래) 등의 별명도 있다. 포도알이 약간 크고, 송이도 길며, 흰색을 띠고, 타닌이 풍부하여 개성이 강한 와인을 만든다. 기온이 조금 높은 곳에 적합한 품종으로 오스트레일리아에서 널리 재배되고 있다.

6. 그레나슈(Grenache)

프랑스 남부와 스페인 등지에서 널리 재배되고 있는 품종으로 스페인에서는 가르나차(Garnacha)라고 부른다. 더운 지역에 적합한 품종이므로 오스트레일리아 등에서 주로 재배되고 있다. 당도 잘 오르고 깊은 맛이 있는 와인을 만든다. 타벨 로제(Tavel Rosé)의 주요 품종이다.

화이트 와인용 주요 품종

I. 세미용(Semillon)

재배 적지는 II지대로 프랑스의 보르도 지방에서 특히 많이 재배되고 있는 품종으로서 숙성기는 중기이다. 그라브 지역에서는 약간 드라이하게, 소테른 지역에서는 스위트하게 와인을 만든다. 포도알은 지름 15mm 정도로 촘촘하며, 송이의 크기는 중간으로 약간 녹황색을 띠고, 가벼운 꽈리향을 지닌다. 껍질이 얇고 즙이 많아 상하기 쉬운 결점을 갖고 있지만, 보트리티스 시네레아(Botrytis Cinerea)균이 부착되면 귀부 포도가 되기 쉽다는 이점도 갖고 있다.

와인은 숙성에 따라 아로마틱한 부케(Bouquet)가 생긴다.

2. 소비뇽 블랑(Sauvignon Blanc)

재배 적지는 II, III지대로 루아르의 상세르 지역과 보르도 지방에서 많이 재배되고 있다. 숙성기는 중기로 알이 작고 촘촘하며, 푸른 풀을 연상시키는 플레버(Flavour)가 강한 독특한 개성을 가지고 있다. 보르도 지방에서는 세미용과 주로 블렌드(Blend)하여 와인을 만들지만 소비뇽 블랑 단일품종으로 드라이 화이트 와인을 만들었을 때는 특유의 개성 있는 와인이 된다.

3. 샤르도네(Chardonnay)

프랑스의 부르고뉴와 샹파뉴의 화이트 와인 품종이다. 재배 적지는 I, II지대이며, 조숙종이다. 피노 블랑의 아조 변이라고도 전해지지만 현재는 피노 블랑보다 훨씬 높게 평가되고 있다. 껍질이 조금 두껍고 즙이 많으며, 향은 강한 편은 아니지만 오크 통 숙성에 따라 품질이 향상되는 품종으로 일반적으로 드라이하게 만들어진다. 드라이 화이트 와인용으로 세계에서 가장 인기있는 품종이다.

4. 피노 블랑(Pinot Blanc)

피노 누아르(Pinot Noir)의 아조 변이에 의해 생겨난 품종으로 재배 적지는 I, II지대로 숙성기는 빠른 편이다. 독일이나 오스트레일리아에서는 바이스부르군더(Weissburgunder), 프랑스 알자스 지방에서는 크레브너(Klevner)라고 부른다.

▲ 세미용

▲ 소비뇽 블랑

포도알이 촘촘하고 작으며, 과피는 두껍고 즙이 많으나, 샤르도네에 비해 약간 가벼운 와인이 된다.

5. 리슬링(Riesling)

독일 최고의 화이트 와인용 품종으로 추위에 강하고 수확이 늦다. 이 품종은 원래 숙성이 중기에 속하는 품종으로 따뜻한 지역에서는 일찍 수확해서 품종의 특성을 잃지 않도록 하고 있다. 산은 강하나 향은 강하지 않은 품격 있는 와인으로 인기가 높다. 알이 작고 촘촘하며 과피가 얇기 때문에 귀부를 일으키기 쉬우나 비가 많은 곳에서는 과피가 벗겨져서 썩기 쉬운 결점이 있다.

세계 여러 곳에서 재배되고 있지만 재배지의 기후조건에 따라 와인의 성격도 큰 차이가 난다.

6. 뮐러 트루가우(Muller-Thrugau)

1882년 독일 라인가우의 가이젠하임 연구소에서 교배된 품종으로 교배자의 이름을 따서 붙여진 이름이다. 리슬링에 실바너를 교배한 품종으로 숙성기는 빠르고 뮈스카(Muscat)계의 향이 높으며 산은 리슬링보다 조금 떨어진다. 잘 자라며 장소를 가리지 않는 이점이 있기 때문에 현재 독일에서 가장 많이 재배되고 있다. 늦서리에 대한 적응력이 약한 것이 결점이다.

7. 실바너(Silvaner)

옛날에 독일 최대의 재배 면적을 차지하던 품종이다. 숙성기는 중기로 서리에 약하고 성장력도 그렇게 강하지 않으며 리슬링이나 뮐러 투르가우에 비해 특징이 약하기 때문에 재배 면적이 감소하고 있다. 그러나 드라이한 맛의 화이트 와인 지대인 프랑켄에서는 지금도 가장 넓게 재배되고 있는 품종이다.

▲ 피노 블랑

▲ 리슬링

▲ 실바너

(1) 그 외의 품종 : 레드 와인용 품종

1. 카리냥(Carignan)

프랑스에서 가장 널리 재배되고 있는 품종으로 남 프랑스의 중심 품종이다. 스페인에서는 마즈에로(Mazuelo)라 불리며, 생산량이 많고, 숙성기는 만기이다. 타닌이 강한 것이 단점이다. 그렇기 때문에 일반적으로 혼합되는 경우가 많고 로제 와인에 적합한 품종이라 할 수 있다.

2. 가메(Gamay)

프랑스의 부르고뉴 남부 보졸레 지역에서 재배되는 주 품종이다. 포도알이 약간 크고 송이도 크며 숙성기는 조기이다. 포도의 향과 신선한 산을 살린 보졸레 누보 와인이 인기가 있어 수확된 해에 40% 가까이 출하될 정도이다.

3. 템프라니요(Tempranillo)

스페인 리오하 지방의 고급 품종으로 '조숙'을 의미하지만 리오하 와인의 개성은 이 품종에 따른 부분이 크고 뛰어난 개성을 가지고 있다.

4. 산지오베세(Sangiovese)

이탈리아의 대표적인 레드 와인용 품종으로 토스카나, 에밀리아 로마냐, 움브리아주 등에서 널리 재배되고 있으며, 키안티 와인의 주품종이다.

유명한 브루넬로(Brunello) 와인도 이 품종으로 만든다. 타닌 성분이 약간 많고 힘찬 와인을 만든다.

5. 네비올로(Nebbiolo)

이탈리아 피에몬테 지방에서 재배되고 있는 대표적인 레드 와인용 품종으로 힘차고 개성이 강하며 오래 숙성을 해야 본래의 특성을 발휘한다. 바롤로(Barolo), 바르바레스코(Barbaresco) 와인의 주품종이다.

6. 진판델(Zinfandel)

이탈리아의 프리미티보 디 지오아(Primitibo di Gioia)에서 변화한 품종으로 미국의 캘리포니아 지방에서 특성 있는 힘찬 레드 와인을 만들어 내고 있다.

(2) 그 외의 품종 : 화이트 와인용 품종

◀ 게뷔르츠트라미너

1. 뮈스카데(Muscadet)

프랑스 루아르 지방의 낭트 지역의 품종으로 쓴맛의 산뜻한 화이트 와인의 원료 포도로 알려져 있다. 원래는 메롱(Melon)이라고 불리는 품종이었으나 오늘날에는 뮈스카데로 불리고 있다.

2. 뮈스카(Muscat)

머스캣이라 불리는 품종으로 과피도 담황색인 것부터 청흑색의 흑포도까지 여러 가지가 있으나 모두 영어로 머스캣이라 부른다. 상쾌한 향이 높은 것이 매력이지만 와인을 너무 오래 저장하면 향기가 여우 냄새로 변하기 쉽기 때문에 주의해야 한다. 이탈리아 피에몬테 지방의 아스티 수프만테가 유명하나 오스트레일리아, 프랑스의 알자스 지방 등의 드라이한 와인과 남프랑스의 스위트한 와인을 만드는 품종으로 잘 알려져 있다. 약간 더운 지방에서 특성을 잘 발휘하는 품종이다.

3. 생테밀리옹(Saint-Emilion)

프랑스 코냑 지방의 브랜디용 품종으로 유명한데 원명은 Ugni Blanc이다. 이탈리아에서는 트레비아노(Trebiano)란 이름으로 널리 재배되고 있으며, 숙성기는 만기의 품종이지만 브랜디를 만들 때에는 산이 높은 상태로 수확된다.

4. 팔로미노(Palomino)

스페인 헤레스 지방의 셰리를 만드는 주요 품종으로 숙성기는 만기에 가까운 품종이지만 더운 기후의 스페인 남부에서는 9월 초순에 익으며 산이 적고 수확량이 많다.

5. 그뤼너 벨트리너(Gruner Veltliner)

신선하고 가벼운 탄산을 함유한 산뜻한 와인으로 만들어지는 경우가 많고 오스트레일리아의 대표품종이다.

6. 말바지아(Malvasia)

그리스 원산의 품종이나 이탈리아, 스페인, 포르투갈 등 더운 지방에 널리 분포하고 있다. 스위트한 화이트 와인으로 만들어지는 경우가 많지만 드라이한 와인도 좋은 것이 있다.

7. 게뷔르츠트라미너(Gewürztraminer)

프랑스 알자스 지방이나 독일에서 재배되는 개성이 강한 품종으로 이름 그대로 스파이시한 풍미를 가지며 작황이 좋은 해에는 약간 달콤한 맛을 가진 와인으로 만들어진다.

보졸레의 4주일간의 가을

보졸레의 포도 수확은 보통 10월에 시작하는 다른 지역보다 빠른 9월에 시작된다. 수확기간은 2주일간으로 정해져 있다.

첫주에 수확하는 것은 누보용이고 둘째 주에 생산되는 것은 보졸레용이다. 이 2주일간에 포도밭이 가장 활기를 띤다. 포도를 따는 사람들은 양조장과 계약된 인근 농가의 프로급 인력들이다. 익숙하지 못한 사람들은 포도와 나무를 손상시키고 일의 진척이 느려 환영받지 못한다.

셋째 주는 이웃에 나눠주는 주간으로 따다가 남은 포도를 집으로 가져가는 것이 허락된다. 농가에서는 헛간에서 이것으로 가정용 와인을 만든다.

그리고 넷째 주. 이 때는 아무도 포도밭에 들어갈 수 없다. 밭을 망가뜨리는 토끼 사냥이 시작되기 때문이다. 온 동네에 총성이 울려 퍼지고 저녁이면 고기 굽는 냄새가 진동을 한다.

포도밭에 고요가 찾아오는 11월이 되면 셋째 주의 누보가 즐거운 식탁을 장식하게 된다.

포도의 재배

재배 적정지대

포도 재배 방식

포도의 성장

귀부 포도

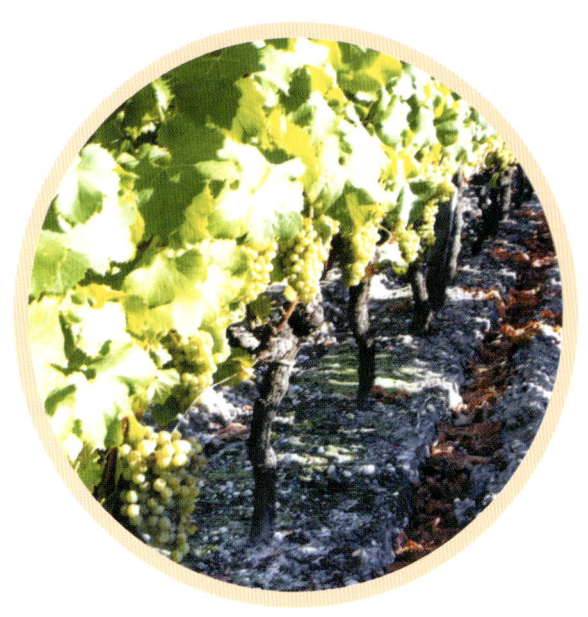

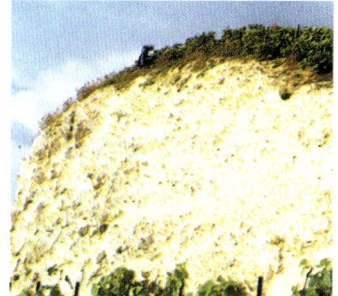

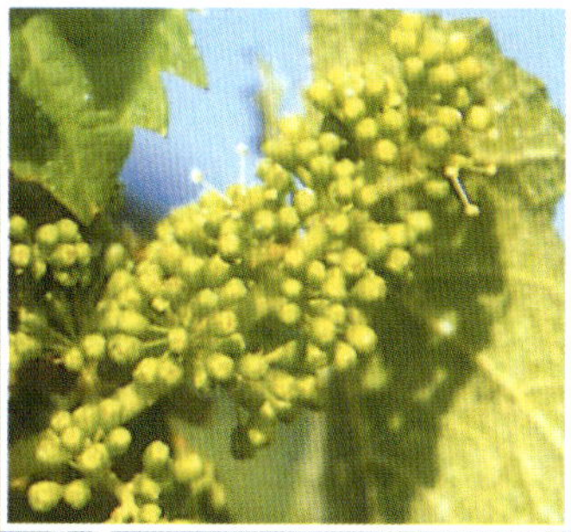

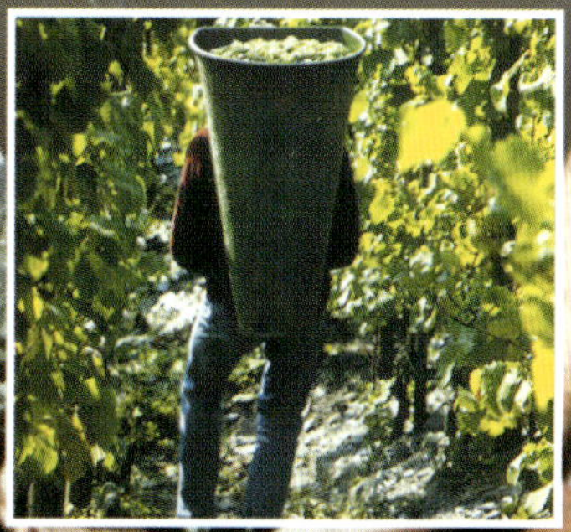

재배 적정지대

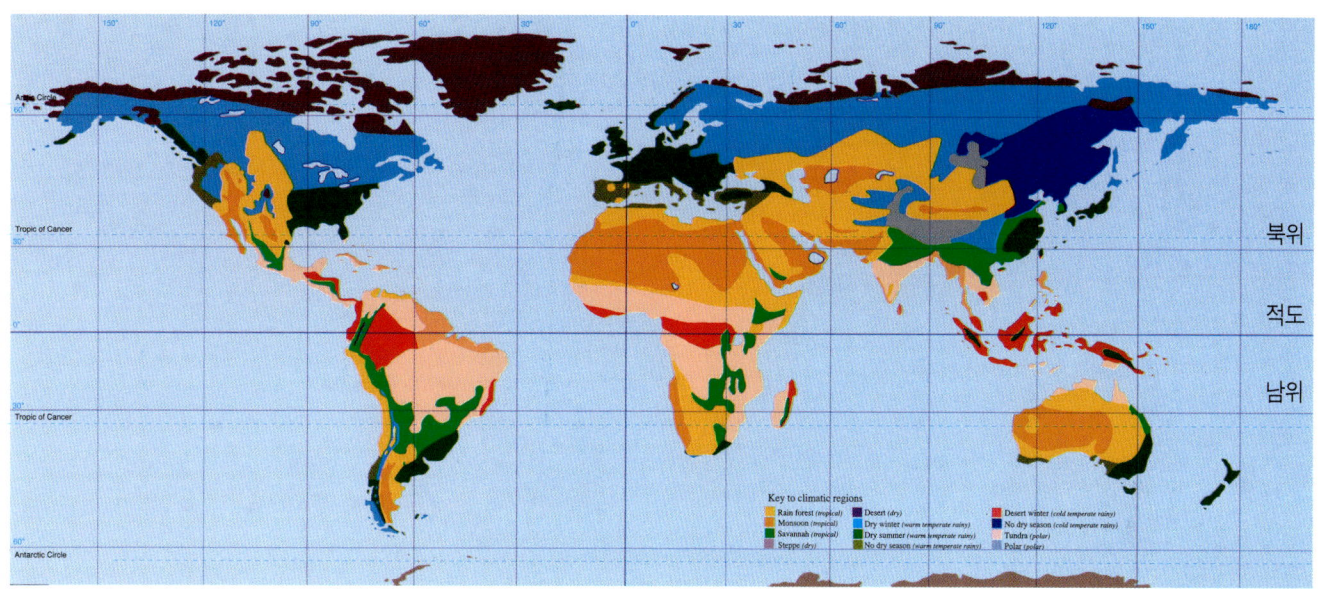

세계의 와인 산지 분포도.

포도를 재배하기에 가장 좋은 기후는 연 평균 기온이 10~20℃ 범위인 열대건조기후이다. 위도상으로는 대개 북위 30~50°, 남위 30~40° 범위가 적정 재배 지대에 해당된다. 그 밖의 재배 조건으로는 포도 생육기간 동안 강우량이 적을 것, 배수가 좋을 것 등이 요구된다.

그러나 토양이 비옥할 필요는 없다. 프랑스 보르도 지방의 토양은 모래와 점토질 토양이고 부르고뉴 지방의 토양은 석회질과 양분이 빈약한 토양이지만, 포도나무의 뿌리는 영양분을 잘 흡수하고 생명력이 강하기 때문에 토양과는 관계가 없다. 오히려 영양분과 수분이 많으면 포도가 너무 잘 자라서 포도의 품질이 떨어진다. 햇빛을 잘 받고 배수가 잘되는 토양에서 자란 포도는 와인으로 만들었을 때 향과 풍미가 뛰어난 와인이 된다.

또한 포도 재배는 자연 조건에 크게 영향을 받는다. 와인의 개성은 산지의 제반 조건에 따라 변하기 때문에 개성이 확실하여 비싼 와인은 원산지가 명확히 규정되어 있다.

1. 기온 조건

포도는 더운 지역에서 잘 자라지만 산이 너무 모자라는 결점이 있기 때문에 유럽계 포도는 연평균 기온 10~20℃의 온도가 적당하고, 이 가운데에서도 약간 낮은 기온의 지역에서 양질의 포도를 얻을 수 있다. 그러나 이 지대는 기상 조건이 나쁜 해에는 기온의 심한 영향을 받을 우려가 있다. 연평균 기온 16~21℃ 등온선 안에서도 포도 재배가 활발하지만 이 곳에서 생산되는 포도로 만든 와인은 색도 나쁘고 산도 적으며 향도 뒤떨어진다.

유럽에서 포도가 재배되고 있는 최북단 지역은 독일인데 북위 50° 부근의 지역은 기온 조건, 일조시간이 다른 곳에 비해서 나빠 온도가 낮거나 일조시간이 적어도 생육할 만한 포도 품종을 재배하여 와인을 양조하고 있다.

2. 일조 조건

태양은 포도의 색과 당도, 그리고 산도 형성에 중요한 역할을 한다. 같은 토양에서도 충분히 햇빛을 받은 포도는 음지에서 자란 포도보다 당도가 2.5~3.5% 정도 높고 산도는 0.2~0.3% 정도가 낮다. 독일의 라인 강과 스위스의 레만 호수와 같은 포도 재배지는 수면에서 반사되는 빛을 유용하게 이용하는 지역으로 유명하다. 이 효과를 증명한다는 것은 좀 어렵지만 확실한 것은 평지와 비교해 언덕이나 산의 남쪽 경사면은 빛의 양이 많아지는 것이 확실하다. 양조용 포도는 생육기간중에는 일조 시간이 최소한 1250 ~ 1500시간이 필요하다.

3. 수분 조건[주]

포도나무의 성장에는 수분이 필요하다. 수분이 너무 많아도 나무만 자라서 양질의 열매를 맺을 수 없다. 또한 습도가 높아지면 나뭇잎이나 포도송이가 병이 걸리기 쉽다. 양조용 포도의 재배에 알맞은 강우량은 일반적으로 500~800mm로 그 이하인 경우는 관개시설이 필요하다. 유럽보다 강우량이 많으나 포도 재배가 적절한 지역은 연간 강우량이 1,000~1,200mm 이내인 지역이어야 한다.

4. 토양 조건

포도 재배에는 비옥한 토양보다 황폐한 토양이 주로 이용된다. 보통 지표면이 모래, 자갈층이고 그 아래가 석회암이나 규토질, 점토질이 많은 토양이 좋다. 토양의 차이에 따라 여러 가지 다른 포도가 재배되게 된다.

일반적으로 석회암 토양에서 자란 포도는 아로마(Aroma)와 부케(Bouquet)가 강한 와인이 되고, 규토질 토양에서 자란 포도는 부드러운 타입의 와인이 된다. 그러나 기후의 영향이 커서 확실히 구분지을 수는 없다.

중점토질에서는 흙 자체가 보수성이 높아 그것을 포도가 흡수하기 때문에 숙성기는 늦어지지만 수확량이 많아진다. 점토가 적어 보수성이 비교적 양호한 토질에서는 숙성기는 빨라지나 열매가 작고 수확량이 적다. 이 가운데에서 물이 잘 빠지는 자갈층에서는 숙성기간, 수확량 등이 중간 정도가 된다. 대체적으로 이런 토양이 많아 그 상태에 따른 영향도 여러 가지이다.

비옥한 토양에서는 포도나무의 성장이 왕성해서 오히려 좋은 열매를 기대하기 어렵다. 따라서 포도나무에 주는 영향분을 적절히 조절하는 것이 중요하다. 비옥한 토

양의 경우에는 포도밭에 잡초나 올리브 나무를 함께 키우기도 하는데(이탈리아에서는 포도밭에서 올리브 나무를 함께 키운다) 이것은 잡초나 올리브 나무가 포도밭의 양분을 빨아들여 영양분을 조절하는 역할을 한다.

포도밭이 급경사면인 곳에서도 잡초를 키우는 경우가 있는데, 이것은 비에 의해 포도나무가 유실되고 뿌리가 드러나며 비료 등이 유출되는 것을 방지하기 위해서이다. 보르도 지방의 지롱드 강 유역과 코트 뒤 론 지방의 론 강 하류 지역에서는 포도밭에 돌을 깔아 놓았는데, 이것은 돌의 보온성을 이용한 것으로 밤이 되어도 포도밭의 온도가 쉽게 내려가지 않게 한다.

주)
강우량이 적은 지역의 토양에서는 포도나무가 뿌리를 깊이 내린다. 그러나 강우량이 많은 지역의 토양에서 자라는 포도에 일조가 계속되면 오히려 저항력이 떨어진다.

샴페인 지방의 백악질 토양.

메독 지방의 토양.

포도의 재배 방식

　각국의 기후와 토양 조건에 따라 그에 맞는 포도 품종이 선택되고, 포도 재배 방식도 토양 조건과 품종의 성격에 따라 다르다.

　평평한 경사지와 평지가 많은 토양에서는 담장형 재배가 용이하다. 급한 경사지에서는 봉형 재배, 성장을 억제할 필요가 없는 품종과 토양에서는 접붙이기, 그리고 장마 등으로 다습한 지역에서는 밧줄 재배가 이용되고 있다. 그러나 현재는 이 밧줄 재배도 기계화로 인하여 담장형 재배로 바뀌고 있다. 담장형 재배와 봉 재배는 습기가 많은 지역에서는 포도송이가 지표면에 가까우면 열매가 병이 걸리기 쉽고, 빗물이 튀어 포도 열매에 흙탕물과 비료에서 나오는 냄새가 배일 우려가 있으며, 태풍이 불 때 옆으로 쓰러지는 경우가 있어 지표면에서 떨어뜨려 완강하게 만든 재배법이다. 담장형 재배와 봉 재배는 오늘날 가장 보편적으로 쓰이고 있는 포도 재배 방식이다.

보르도 지방의 담장형 재배 방식.

보졸레 지방의 대표적인 봉형 재배 방식.

포도의 성장

포도 재배는 일년지 대사이다. 좋은 포도로 재배하기 위해서는 날씨와 병충해, 그리고 끊이지 않는 보살핌이 계속된다.

I. 휴면기

늦가을에 잎이 떨어지면 포도나무는 동면에 들어간다. 이 때 비료를 주고 가지치기를 하고 봄이 오는 것을 기다린다. 다음 해에 결실을 맺을 싹은 이미 잠들어 있는 것이다.

가지치기 : 겨울에 가지치기를 하는데 가지치기 정도에 따라 수확량이 결정된다.

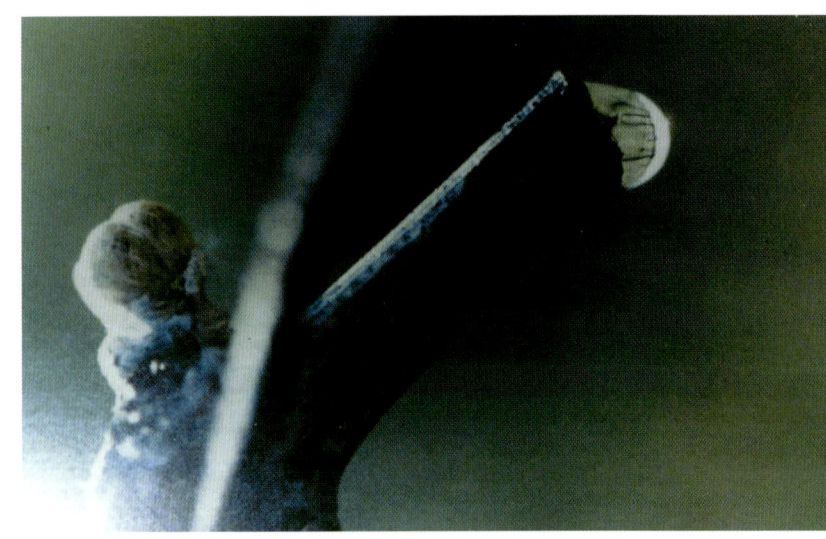

수액의 유동.

포도나무의 새싹.

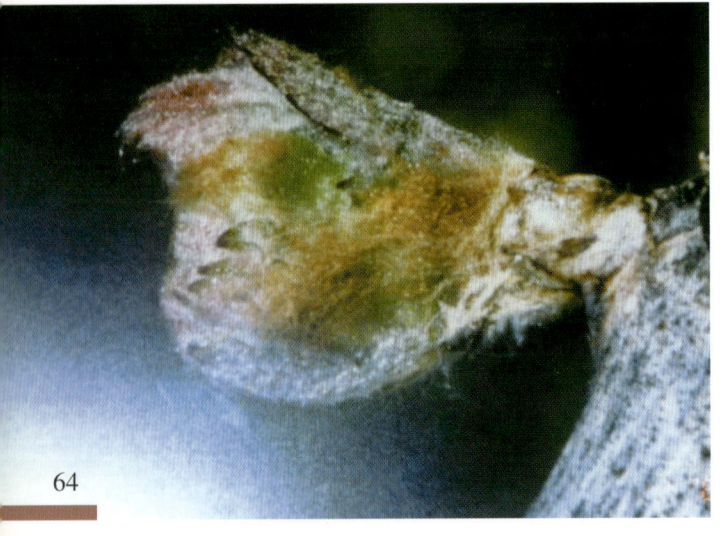

2. 포도나무의 기상

3월 중순이 지나면 동면하고 있던 포도나무가 활동을 개시하기 시작한다. 토양의 온도가 올라가기 시작하면 일반적으로 양수라 불리는 수액유동이 시작되는데 이 시기에 포도나무에 상처를 입히면 포도나무의 수액이 떨어진다. 수액유동을 시작할 때 지표면의 온도는 포도 품종에 따라서 다르지만 일반적으로 땅속 30cm 깊이의 온도가 6.4℃, 120cm 깊이의 온도가 7.3℃, 또는 공기 중의 온도가 10.4℃를 넘으면 수액유동이 시작된다고 본다.

3. 새싹

포도나무의 조직은 수분으로 차 있기 때문에 공기 중의 평균 온도가 10℃ 이상을 유지하면 발아가 시작된다. 유럽의 경우 추운 지방에서는 4월 중순쯤 되면 보호털로 덮힌 새싹이 나기 시작한다. 발아 온도는 지역, 품종에 따라 다르다. 품종에 따라서는 10.2℃ 정도에서 발아하는 것도 있으며, 따뜻한 지방에서는 보통 13.5℃ 정도로 기온이 상승하지 않으면 발아하지 않는 것도 있다. 발아는 포도나무 전체에서 한꺼번에 이루어지는 것이 아니고 위쪽에서 중앙으로 빠르게 진행되고, 아래쪽은 윗부분이 발아한

포도의 개화.

포도열매의 성숙이 시작된다.

포도의 성숙기.

후 4~12일 정도 늦게 발아하기 시작한다. 발아해서 10일 정도 지나면 잎, 잎 모양, 떡잎의 모양이 정해지는데 이 기간에 특히 주의해야 할 것은 늦서리의 피해이다.

4. 포도 봉오리

5월 말부터 6월 상순에 걸쳐 포도 봉오리가 자라기 시작한다. 이 때의 성장은 특히 낮 시간의 일조량, 빛의 강도에 영향을 받는다. 이 때 봉오리는 장래의 포도 열매의 형태를 이미 형성하고 있다. 포도나무에 성장도가 큰 시기는 두 번 있는데, 한 번은 개화기이며, 개화기 이후는

성장률이 한 번 약해진 후 다시 한 번 크게 성장한다.

　일반적으로 카베르네 소비뇽 같은 양조용 포도의 봉오리 수는 200~300개이지만 결실을 맺는 것은 절반 정도인 100~150개이다. 톰슨 시드레스라는 포도는 봉오리 수가 1,000~1,300개이지만 그 가운데 결실을 맺는 것은 100~200개 정도이다.

　포도 재배는 포도 봉오리의 수를 제한하고 그 성분을 충실히 하는 것이 중요하다.

5. 개화

　봄이 빨리 오거나 기후가 좋은 경우는 정상적으로 개화하지만 봄이 늦게 오거나 발아 후 갑자기 온도가 상승하면 개화기가 달라지기도 한다. 적절한 시기의 개화는 4~8일간으로 일반적으로 16~21℃에서 개화를 시작해 20~21℃가 되면 절정에 이른다. 개화 시간은 아침 6시부터 시작해 오전 9~10시에 개화가 가장 활발히 진행되고 10~11시가 되면 개화가 멈추기 시작해 정지하지만, 오후 3~4시경에 개화하는 경우도 있다.

6. 포도의 성숙

　포도가 착색하는 것은 품종에 따라 다르나 개화 후 40~90일 후면 시작된다. 포도 열매의 당도 증가도 품종에 따라 달라지는데 보통 20~70일 정도면 충분하다. 이 시기에 포도는 맛과 향기를 형성한다.

프랑스 생테밀리옹 지방의 포도 수확 풍경.

독일 모젤 지방의 포도 수확 풍경.

7. 포도 수확

　포도가 익으면 포도 수확이 시작되는데 보통 포도꽃이 핀 후 100일 정도가 지나야 한다. 그러나 포도의 당도가 너무 낮으면 알코올이 낮은 와인이 되기 때문에 수시로 포도의 당도^{주)}를 측정하고 적절한 당도에 도달할 때 수확하기 시작해야 한다. 품종에 따라서는 당도가 그다지 올라가지 않는 것도 있으나, 대개 당도가 20% 정도 오르면 수확하기 시작한다. 포도 수확의 시기는 지역에 따라 차이가 있고 포도 수확의 풍경도 나라와 지방에 따라 다르다. 포도 수확은 맑은 날 오후에 하는 것이 가장 좋다. 포도는 과피가 얇아 상처 입기 쉽기 때문에 포도를 따고 넣는 시간이 길어지면 상처난 포도에 미생물이 번식할 우려가 있다. 따라서 오전중에 포도 수확을 시작해서 그날 안에 끝내도록 한다.

주)포도의 당분 측정
　포도밭에서 포도의 당도를 간단히 측정하기 위해 굴절계를 사용한다. 길이 10cm 정도의 유리면에 포도를 으깬 즙을 칠해 즙과 프리즘을 통해서 굴절되는 빛의 명암의 경계선의 수치를 읽어 당도를 표시한다.

귀부 포도

기온과 습도가 양호해 포도의 당도가 높아지고 가을 수확기가 가까워 일교차가 심해지면 포도는 보트리티스 시네레아(Botrytis Cinerea)균에 감염될 수 있다. 포도에 이 균이 부착하면 작은 갈색의 반점이 생기고 과피의 표면이 윤기를 잃어 포도 안의 수분이 증발하게 된다. 이 균은 당을 분해하지 않기 때문에 포도의 당분은 크게 상승하게 된다. 이 현상을 귀부(Eldefaule, Noble Rot)라 한다. 이 균이 과숙한 포도에 생기면 와인에 좋은 영향을 미치지만 미숙한 열매와 나무에 생기면 회색의 부패(Pourriture Grise)라 불려 포도는 익지 않고 해만 입게 된다.

따라서 귀부 포도는 적극적으로 만들지 않고 막지만 성숙기에 발생한 경우에는 신경을 써 귀중한 귀부 와인이 되도록 힘쓴다. 귀부를 일으키기 쉬운 것은 비교적 과피가 얇은 품종의 포도이다. 이러한 귀부 포도로 와인을 만드는 곳은 프랑스 보르도 지방의 소테른 지역, 독일의 라인 지방과 모젤 지방, 헝가리의 토카이 지방 등이다. 프랑스 알자스 지방과 앙주 지방 등에서도 가끔씩 귀부 포도로 와인 양조가 이루어지기도 한다. 그러나 보르도의 메독 지구와 같은 레드 와인 지대에서는 이 균이 큰 적이다.

귀부 포도로 만든 와인은 당도가 높아서 발효를 긴 시간에 걸쳐 천천히 진행시킨다. 보트리티스 시네레아균에 의해 글리세린, 글크론산 등의 여러 가지 물질이 만들어져 복잡한 풍미가 생긴다. 귀부 포도로 만든 와인은 단맛과 향기가 풍부해 디저트 와인으로 주로 마신다.

독일 모젤 지방의 리슬링 품종. 포도송이 가운데 일부에 보트리티스 시네레아균에 의한 귀부 현상이 나타나고 있다.

소테른 지방의 보트리티스 시네레아균에 의한 세미용 품종의 귀부 현상.

백년 전쟁은 와인 전쟁(?)

　백년 전쟁의 발단은 12세기에 프랑스 중부 아키텐느의 엘레아노르 공작부인이 영국의 헨리2세에게 시집가면서 지참금으로 영지(領地)였던 포와토, 기엔느, 가스코뉴의 광활한 땅을 가져간 것이다.

　프랑스의 유명 와인산지인 보르도가 영국령이 됨으로써 프랑스인들이 그냥 있을 리가 없었다. 백년간의 전투 끝에 잔 다르크의 출현으로 보르도는 다시 프랑스로 되돌려지게 된다. 와인에 얽힌 한이 얼마나 무서운가를 증명해주는 대목이다.

Behind Story

오크와 코르크

오크 통 제조에 쓰이는 기구들.

오크 통의 제조

17세기 이전까지 활발히 이루어지던 오크 통의 제조가 17세기에 유리병이 발명되면서 잠시 주춤하다가 20세기 초에 들어 맥주와 포도주, 증류주의 생산을 위한 오크 통의 다양한 수요로 인하여 활황을 맞이하게 된다. 1930년 대부터 일기 시작한 시멘트 발효조의 건설 붐과 20세기 중반의 와인 산업의 위기, 온도 조절이 가능한 스테인리스 스틸조의 개발로 다시 한 번 위기를 맞이 하게 된 오크

통 제조업은 최근에 들어 좀더 나은 양질의 포도주를 만들기 위한 노력과 와인 산업의 세계적인 호황으로 발효와 숙성 과정에 필요한 오크 통의 수요가 급격하게 늘어나고 있어 활기를 띠고 있다. 오늘날 오랜 전통을 가진 프랑스의 토넬리어(Tonnelier)들에 의해 프랑스에서만 연간 20만 개 이상의 오크 통이 제조되고 있다.

오크 (Oak : 참나무)

참나무는 오크 통 제작에 필요한 유연성과 탄성을 지니고 있다. 그리고 방수성이 좋고 열전도율이 낮아 내용물의 보관이 용이하다. 그러나 참나무도 지역과 기후와 제

오크 통 제조를 위해서 만들어 놓은 널빤지.

반 조건에 따라서 품종과 품질이 달라진다. 보통 프랑스산 오크를 최고품으로 인정하는데, 만들고자 하는 와인의 타입에 따라서 새 오크 통과 헌 오크 통의 사용 비율을 조절한다.

프랑스에는 약 4백만 헥타르의 참나무 숲이 있는데 국가에서 관리하고 있다. 일반적으로 포도주용으로는 프랑스 중부 산악지대에서 자란 참나무의 재질이 가장 좋으며, 브랜디용으로는 리무진(Limousin)의 재질이 가장 좋다. 보통 수령이 150년에서 250년 된 나무를 벌목하여 만든다.

1. 벌 목

프랑스에서는 산림청의 감독하에 7월에서 9월경에 벌목할 나무를 선정하여 놓고 나무가 성장을 멈추는 휴지기가 시작되는 11월까지 기다렸다가 11월에서 2월 사이에 벌목을 한다. 오크 통 제작에 쓰이는 참나무는 양질의 조직이 좋은 나무만을 사용하기 때문에 엄격한 선별 과정을 거치게 된다. 따라서 전체 벌목량의 1/4 정도만 오크 통 제작에 사용된다.

2. 제 재

오크 통 제작에 쓰이는 널빤지를 켜는 작업은 상당한

널빤지가 휘지 않도록 규칙적으로 야적해 놓은 모양.

널빤지의 길이를 잘 맞추어 건조시에 뒤틀림이 없도록 규칙적으로 적재하여야 한다. 자연풍에 의한 건조가 가장 이상적이며 이 때 다른 불쾌한 냄새가 배지 않도록 건조 기간 내내 주의를 해야 한다. 야적 건조의 기간은 1cm의 두께에 1년 정도가 소요되므로 보통 2년 6개월에서 3년 정도의 기간이 필요하다. 이렇게 건조된 널빤지는 검사를 하여 최종 합격된 것만 공장으로 옮겨지게 된다.

4. 오크 통 제작

옮겨 온 널빤지는 주문한 크기에 맞추어 자르고 강철밴드를 끼워 기본 틀을 만든다. 참나무 조각들을 태워 그 열

오크 통의 뚜껑을 쌓아 놓은 모양.

노하우를 필요로 하는 작업이다. 나무의 결을 잘 맞추지 않으면 널빤지를 열처리할 때 갈라지거나 뒤틀릴 우려가 있으므로 경험이 풍부한 기술자들에 의해 작업이 조심스럽게 이루어진다. 나무의 손실이 가장 많이 발생하는 과정으로 수령이 150년 이상 된 길고 곧은 참나무 한 개로 두께 27mm의 오크 통을 2개밖에 만들 수 없다.

3. 야적과 관리

품질 등급과 원산지별로 분리하여 적재하고 관리한다. 빗물이 잘 빠지고 통풍이 잘되도록 우물 정(井)자 형태로

오크 통의 제작.

오크 통을 그슬리기 위한 내부 모습.

로 널빤지를 구부리게 된다. 이 때 분무기로 물을 뿌려 널빤지에 수분을 계속 공급해 주어야 나무의 섬유질이 잘 늘어나 뒤틀리거나 부러지는 일 없이 자연스럽게 휘어지게 된다.

5. 열처리(불에 그슬리기)

어느 정도의 오크 통의 형태가 만들어지면 주문자의 요구에 따라 오크 통의 내부를 불로 그슬리게 된다. 이 그슬림 작업은 그 안에 저장할 포도주의 품종과 기대하는 품질과 타입에 따라 그슬리는 정도가 달라지게 된다.

6. 봉합

오크 통은 강철밴드로 강하게 조여지므로 널빤지가 틈없게 조여지게 되고 통 바닥은 접착제와 나무 쐐기로 밀봉한다. 통이 완성되면 따뜻한 물을 넣어 방수상태를 확인하여 마무리하게 된다. 마무리할 때에는 대패로 전체를 한겹 벗겨내어 작업과정에서 묻은 이물질을 완전히 제거한다.

오크 통의 종류

오크 통의 모양과 크기는 지방에 따라 조금씩 차이가 있다. 프랑스 보르도 지방에서는 225L 용량의 약간 길쭉

한 통을 사용하고 있으며, 부르고뉴 지방에서는 전통적으로 228L 용량의 땅딸보 모양의 통을 사용하고 있다. 샹파뉴 지방에서는 220L 용량의 오크 통을 주로 사용하고 있다. 일반적으로 보르도의 오크 통을 바리크(Barrique)라 부르고 부르고뉴의 오크 통을 피에스(Piece)라고 부르는데 이것은 그 형태에 의해서 이름이 붙여진 것이다.

오크 통은 작은 통일수록 포도주와 나무의 접촉 면적이 넓어져 많은 성분의 교환이 이루어지므로 복잡하고 오묘한 성격을 와인에 부여하나 경제적이지 못하기 때문에 프랑스와 같은 우수한 와인을 생산하는 나라에서도 고급 와인에만 오크 통 숙성을 하는 것이 일반적이다. 따라서 화이트 와인의 경우처럼 일부 오크 통 숙성을 하는 경우에는 4,000~7,000L의 대용량 통을 사용하고 있다.

오크 통의 질감

오크 통을 세계 최초로 만들어 와인에 사용한 나라는 프랑스이다. 프랑스는 오랜 전통과 축적된 기술, 그리고 세계 최고 품질의 참나무 숲을 보유한 나라이다.

오크 통을 만드는 작업은 간단해 보이지만 많은 노하우를 필요로 하는 일이다. 나무의 선정에서부터 벌목, 건조, 그리고 오랜 세월 동안 숙련된 장인들의 기술이 복합적으로 어우러져 만들어지는 일련의 복합예술이다. 특히, 오

완성된 오크 통. 마무리 작업 때 뚜껑을 씌운다.

크 통 제조는 많은 시간과 경비가 소요되기 때문에 최고 품질의 포도주가 오크 통 속에서 잘 숙성되어 그 가치를 발휘할 때 비로소 그 동안의 노력과 시간이 보상되어 질 수 있는 것이다.

최근 들어 오크 통이 가져다주는 질감에 대한 기대가 지나치게 커져 신흥 와인 생산국에서는 유행처럼 오크 통 숙성을 시도하고 있고 심지어는 오크 조각을 태워 와인을 숙성시킬 때 집어넣는 현상까지 빚어지고 있다. 이것은 바람직하지 못한 행태로 오크 통 숙성이 가져다주는 장점을 과신하여 생긴 일로 보여진다. 오크 통 숙성이 가져다주는 유익한 효과는 숙성되는 포도주가 품질이 좋은 포도로 만들어졌을 경우에 그 효과가 더욱 크다고 할 수 있다.

참나무는 나무 자체의 향이 상당히 강한 특징을 지니고 있는데, 거기에 오크 통을 제조할 때 내부를 불로 그슬려 훈향을 강조하게 된다. 따라서 오크 통은 장기 숙성용 고급 레드 와인과 일부 지역에서 생산되는 화이트 와인인 샤르도네 품종과 세미용에 어울리는 것이다. 무조건적인 오크 통 숙성은 오히려 포도가 지니고 있는 본래의 장점과 특성을 잃어버리게 한다. 따라서 오크 통 숙성이 가져다주는 장점을 살리고 포도주에 특성을 부여하기 위해서는 세심한 주의와 배려가 필요하다.

Ch. Haut-Brion의 오크 통 숙성고.

오 크 통 숙 성 과 와 인

프랑스에 포도재배법을 전파한 것은 로마인이었으나 오크 통 사용법을 가르쳐준 것은 골(Gaule)족이었다. 오크 통이 사용되기 이전에는 양가죽부대나 큰 항아리 등에 포도주를 보관하여 왔다. 점차적으로 오크 통이 사용되면서 포도주의 보관과 운송에 용이하다는 것을 깨달은 사람들에 의해 유리병이 만들어진 17세기 이전까지는 포도주의 보관 용기로 가장 널리 사용되었다. 유리병이 발명되면서부터 오크 통은 포도주의 운반용기로서의 기능은 유리병에 내주고 지하창고에서 포도주를 저장하는 기능만을 수행하게 되었다. 포도주를 장기간 오크 통에 보관하게 되면서 생겨나는 여러 가지 변화를 이 때 사람들이 발견하게 되지 않았나 추측된다.

포도주를 오크 통에 보관하면 오크 통의 미세한 나무 조직 사이로 공기의 출입이 이루어져 포도주의 숙성에 필요한 산소가 자연스럽게 서서히 공급되어 포도주가 안정적으로 숙성할 수 있는 최적의 조건을 제공하게 된다. 스테인리스 스틸이나 유리제 통은 산소가 차단되기 때문에 인위적으로 산소를 공급하게 되면 단시간에 너무 많은 양의 산소가 공급되어 오히려 와인의 품질을 떨어뜨릴 우려가 있다.

그러나 오크 통은 제작시에 와인 양조자가 기대하는 특성을 포도주에 부여하기 위해 오크 통 안을 인위적인 열처리로 조절하게 되는데 오크 통에서 우러나오는 여러 가지 성분이 포도주에 작용하게 된다. 참나무 조직에 함유되어 있는 60여 가지의 프리페놀 성분 중 특히 바닐린(Vanillin)과 타닌(Tannin) 성분은 오랜 숙성으로 형성되는 부케(Bouquet)의 복잡 미묘함을 더해 준다. 또한, 바닐린은 부케 형성에 직접적으로 간여하여 오래 숙성된 고급 와인에서 느낄 수 있는 은은하면서도 향긋한 나무냄새를 만들어낸다. 이것은 포도주에 함유된 알코올 성분이 참나무에 함유된 바닐린 성분을 추출시켜 산소와 결합하여 미세한 산화 작용으로 만들어지는 것이다.

그리고 참나무에 함유된 고급 타닌 성분은 포도주의 바디(Body)를 강화시켜 와인의 몸체를 형성하는데 도움을 주며, 포도주에 함유된 안토시안과 작용하여 색상을 선명하고 깨끗하게 해준다. 따라서 고급 레드 와인이나 일부 고급 화이트 와인을 만드는 데 있어서 오크 통의 역할은 과히 크다고 할 수 있다.

다양한 타입의 코르크.

코르크

고대부터 항아리나 물병의 주둥이를 막기 위해 사용되었던 코르크는 17세기경에 프랑스 샹파뉴 지방의 수도승 동 페리뇽(Dom Perignon)에 의해 발명되었다. 이 무렵에 유리병의 발명으로 포도주의 보관용기로 오크 통 대신 유리병의 사용이 보편화되었으나 병마개는 주로 올리브 기름을 흘린 헝겊이나 나뭇조각이 주로 사용되었다. 그러나 이러한 마개들은 병 안의 내용물이 쉽게 흘러나오거나 공기의 유입으로 내용물이 쉽게 산화되는 일을 발생시켰다.

병마개의 중요한 역할은 내용물의 보존인데 코르크의 발명은 획기적인 일이 아닐 수 없었다. 코르크는 탄성이 좋아 병에 쉽게 삽입할 수 있고, 마개를 빼낼 때도 쉽게 빠지는 이점이 있으며, 또한 삽입 후에는 팽창되어 완벽한 밀봉상태를 유지하고 화학적으로도 중성으로 인체에 무해한 최고의 소재이다. 또한 가격도 저렴하고 와인 성분에 어떠한 해도 끼치지 않아 지금까지 이것을 대체할 만한 뛰어난 소재가 없었다.

코르크의 장점은 통기성과 신축성으로 수억 개의 세포 조직으로 이루어진 미세한 세포집이 압축상태에서도 최소한의 산소를 공급하여 와인의 숙성을 도와준다. 와인을 눕혀서 보관할 경우 코르크를 통하여 유입되는 공기의 양은 한 달에 약 0.01mL인 것으로 알려져 있다.

일반적으로 코르크의 길이는 포도주의 수명과 비례한다. 보통 프랑스의 특급 포도원의 경우는 수십 년간 저장할 수 있는 포도주를 위하여 품질이 뛰어난 긴 코르크를 사용하고 25년에 한 번씩 리코르킹(Recorking)을 한다. 그리고 일반적인 영 와인(Young Wine)의 경우는 짧은 코르크를 사용하고, 값싼 포도주나 샴페인 가운데 일부는 코르크의 잔 조각들을 접착제로 붙인 집적 코르크 마개를 사용한다. 고급 샴페인의 경우는 버섯모양을 한 코르크 마개를 사용하는데 상단부는 집적 코르크를 사용하고 하단부는 일반 코르크를 사용하여 마개를 만든다.

코르크참나무는 주로 지중해 연안의 국가에서 생산되는데 포르투갈에서는 9년 정도된 나무에서 최초 코르크참나무껍질을 얻고 프랑스에서는 11년 이상된 나무에서 첫수확을 한다. 그 다음부터는 5~6년에 한 번씩 코르크참나무 껍질을 벗겨서 일정한 품질의 코르크를 생산한다. 채취한 코르크참나무 껍질은 1년 6개월 정도 자연건조시켜 마개를 만든다. 보통 코르크 마개는 지름 24mm 정도로 만들어지는데 병 목에 끼울 때는 기계의 압축으로 약 18mm의 병목에 삽입된다. 또한, 샴페인의 경우는 지름

31mm 정도로 만들어 병 내부의 압력으로부터 잘 견딜 수 있도록 일반 코르크보다 더 압축하여 만든다.

와인을 보관할 때 눕혀서 보관하는 것은 바로 이 코르크의 접촉면을 와인이 적셔 밀봉성을 유지하기 위해서이다. 장기간 동안 병을 바로 세워서 두게 되면 코르크가 건조되어 수축하여 밀봉성이 저하되어 필요 이상의 공기가 들어가 와인을 망치게 되기 때문이다. 또한 좋은 코르크라고 해서 항상 완벽한 것은 아니다. 코르크의 제조과정에서 부패방지를 위해 약품처리를 하지만 와인 저장시에 너무 습한 장소에서 장기간 보관하면 곰팡이가 생길 수 있다. 와인 오픈시에 코르크의 냄새를 맡아보는 것은 이러한 코르크의 상태를 유추해 보기 위해서이다.

술의 신 디오니소스와 그의 여인들

바쿠스라고 하면 흔히들 술의 신이라고 알고 있다. 이 바쿠스의 다른 이름이 '디오니소스'이다.

디오니소스는 트라키아산에서 식물과 동물의 생명을 관장하는 신으로서 제우스와 여신 세메레의 아들로 태어났다.

하루는 그가 방랑의 길을 떠났는데, 바다를 건너 아티카에 상륙하여 이카리아 마을 사람들에게 포도 재배법과 와인 양조법을 가르치게 된다. 이 때부터 디오니소스는 술의 신으로 추앙받게 된다.

그에게는 여러 명의 여인이 있었는데, 이들을 바카이라고 불렀다. 그녀들은 와인을 마시고 흠뻑 취하여 지팡이를 짚고 횃불을 들고 밤낮을 가리지 않고 산과 들을 헤매고 다녔다. 그러다가 짐승을 만나면 그 자리에서 그것을 찢어 죽이는 잔악함을 보였다. 그 잔악함은 유대인을 학살한 나치보다 더 하였다고 한다.

그러나 그녀들이 춤추며 돌아다닌 자리에는 젖과 꿀이 흐르고, 와인이 솟아 나와 사람들이 아주 좋아 하였다고 한다.

와인의 양조

보졸레 지방의 Moulin A Vént 지역.

와인 양조의 원리

와인은 포도를 발효시켜 만든다. 그 양조의 원리는 지극히 단순하다. 포도는 포도당, 과당 등 발효에 필요한 당분을 처음부터 함유하고 있다. 따라서 맥주나 청주 같이 전분을 당화시킬 필요 없이 포도 과즙은 바로 발효 공정으로 들어갈 수 있다. 또한, 포도 과피에는 많은 천연 효모가 부착해 있어 포도를 으깨어 방치해 두면 스스로 발효하기 시작하지만 좋지 않은 미생물의 번식을 초래할 수 있기 때문에 오늘날에는 순수 효모를 배양해 발효시키는 방식이 일반적이다. 그러나 일부 오랜 역사를 가진 지방에서는 지금도 자연 발효를 하는 곳이 많다. 알코올 발효^{주)}는 효모균이 자라는 효소 작용에 의해 당이 에틸 알코올과 탄산가스로 분해되는 화학 반응에 의한 것이다.

자연계에서는 물과 탄산가스로 식물이 엽록소의 촉매 작용을 하여 태양 에너지를 이용해 포도당을 만든다. 이 포도당은 고분자의 전분 집합체로 셀룰로오스(Cellulose), 펙틴(Pectin), 리그닌(Lignin) 등을 만들어 식물의 몸을 만드는 역할을 한다.

발효는 포도당을 물과 탄산가스까지 분해하지 못하고 에틸 알코올과 탄산가스에서 분해를 멈춘다. 이 분해는 효모에 의해 이루어지지만 사실은 효모 자신이 아닌 효모를 생산하는 많은 효소의 작용에 의해서이다. 주)에서 언

급한 화학식은 아주 간단하게 최초와 최후의 물질을 기록한 것으로 실제로는 훨씬 복잡하여 12단계로 나누어져 각각의 단계에 다른 효소가 작용하여 분해가 진행된다. 효모의 종류가 바뀌면 생성하는 효소의 종류도 변하기 때문에 단계에 맞는 효모를 선택할 필요가 있다.

일반적으로 효모를 순수 배양해 사용하는 경우도 있고, 자연 효모를 사용하는 경우도 있다. 자연 효모를 사용할 경우에는 순수 효모보다 복잡한 풍미를 낳는 이점도 있지만, 실패하면 와인을 못쓰게 되는 위험성도 있다. 따라서 오늘날에는 배양 효모를 많이 사용하는 경향이다.

주)발효
알코올 발효를 화학식으로 나타내면 다음과 같다.
$C_6H_{12}O_6 \rightarrow 2C_2H_5OH + 2CO_2$
포도당   에틸알코올   탄산가스
여기서 C는 탄소, H는 수소, O는 산소이다.

와인 양조 과정

와인 양조는 포도를 으깨어 발효시키는 지극히 간단한 작업이지만 그에 비해 풍미는 다양하다. 또한, 양조 방법에 따라 스틸 와인, 발포성 와인, 주정 강화 와인 등 여러 종류로 나누어진다. 와인 양조를 극단적으로 표현하면 발로 밟아 터뜨려 오크 통에서 발효시키고, 저장하는 숙성용 통만 있으면 된다고 말할 수 있다. 이와 같이 과정이 간단한 만큼 오랜 기간 동안 크게 근본적인 변화는 이루어지지 않았으나, 1950년경부터 압착기와 발효 및 저장 탱크 등의 근대화가 진행되어 오늘날에는 양질의 안정된 품질의 와인이 생산되게 되었다. 그러나 와인은 술 중에서 가장 보수적인 만큼 이미 프레스티지(Prestige)를 확립한 생산자는 전통의 이미지를 고수하지 않으면 안 된다.

스틸 와인을 예로 들어 와인 양조법을 설명해 보면 다음과 같다.

먼저 포도의 색과 껍질의 사용 여부에 의한 발효에 따라 와인의 색깔과 맛이 달라진다. 레드 와인은 흑포도를 껍질째 넣어 발효시켜 만들고, 화이트 와인은 흑포도와 청포도의 껍질을 벗기고 으깨 압착한 과즙만을 발효시킨다. 로제 와인은 레드 와인 양조 과정과 같으나, 발효 도중에 껍질을 압착기에서 짜낸 다음 다시 발효시킨다. 과피의 색소 함유량과 과피 제거의 시기에 따라 거의 백색에 가까운 와인(Vin Gris)에서부터 엷은 레드 와인에 가까운 와인까지 된다.

1. 파쇄와 압착

수확한 포도는 먼저 파쇄기[주]에 넣어 줄기를 제거한다. 흑포도는 과피와 씨를 포함한 과즙을 발효 탱크에 보내 레드 와인을 만들지만, 흑포도로 화이트 와인을 만들 경우에는 파쇄하지 않고 바로 압착한다. 청포도로 화이트 와인을 만들 경우에는 파쇄 후 압착하는 경우와 파쇄하지 않고 압착하는 경우가 있다. 또한 압착도에 따라서 와인의 풍미가 달라지기 때문에 목적에 맞게 압착을 해야 한다. 파쇄할 때 산화 방지를 위해 아황산가스(SO_2)를 소량

원료 포도를 분리하는 원심분리기.

발효중인 원료 포도

첨가한다.

현재 널리 사용되고 있는 압착기에는 두 가지 방식이 있다. 대표적인 것은 프랑스의 바스렝(Vaslin) 방식과 독일의 빌메스(Willmes) 방식이다.

바스렝 방식은 장방형의 회전 실린더형으로 실린더 양쪽의 원반이 압착기 중앙의 잘려진 나사에 의해 중앙으로 이동해 실린더 내부에서 포도를 압착해 과즙을 짜내는 방식이다.

빌메스 방식은 작은 구멍이 많이 뚫린 스테인리스 동판의 원통내부에 두꺼운 합판과 고무재의 튜브를 넣고 압축공기를 불어넣어 풍선처럼 부풀려 원통과 고무 사이에 든 포도를 원통으로 밀어 과즙을 짜내는 방식이다. 이 방식은 포도의 압축 외에 발효 후의 레드 와인의 과즙과 씨를 막는 데도 사용된다.

압착기에 넣기 전의 포도 무게로 나오는 과즙을 프리런 주스(Free Run Juice) 또는 므 드 구트(Moût de goutte)라 한다.

2. 발 효

발효조에 보낸 과즙은 효모를 첨가해 발효시킨다. 전통적으로 오크 통이나 콘크리트 발효조(내면을 유리 등으로 처리한 것이 많다)를 사용하여 왔으나, 최근에는 온도 조절 장치를 갖춘 스테인리스 밀폐탱크를 사용하는 곳이 많다.

레드 와인을 발효시킬 때는 색과 향의 복잡한 풍미를 내기 위해 30℃에 가까운 온도로 하며, 화이트 와인을 발효시킬 때에는 포도의 향기 성분을 잃지 않도록 20℃ 이하의 낮은 온도로 하는 것이 좋다. 온도가 높은 경우에는 10일 정도, 낮은 경우에는 20일 정도가 주발효 기간이다.

레드 와인은 발효가 거의 끝날 단계에서 압착하여 과피와 씨를 제거하나 처음에 압력을 가하지 않고 나오는 부분을 프랑스에서는 뱅 드 구트(Vin de goutte), 이것을 압착해 얻은 쓴맛이 강한 부분을 뱅 드 프레스(Vin de presse)라 부른다. 양자는 와인 생산업자에 의해 블렌드(Blend)되어 제품화된다.

스테인리스 스틸 발효조.

3. 후발효, 저장, 숙성

주발효를 끝낸 와인은 오크 통과 탱크로 이동된다. 이 곳에서 발효 때 생긴 탄산가스가 빠지고, 레드 와인은 사과산이 말로라틱(Malolactic) 발효에 의해 유산과 탄산가스로 변하게 되고 산이 줄어드는 등 맛이 어느 정도 좋아질 때까지 기다리게 된다.

와인은 저장중에 불쾌한 맛이 생기지 않도록 때때로 밑에 가라앉은 침전물을 제거한다. 저장은 전통적으로 오크 통에서 하지만 오늘날의 화이트 와인은 신선함을 유지하기 위하여 공기와 접촉을 차단시키기 위해 스테인리스나 유리제 통, FRP 등의 탱크를 사용하는 경우도 늘어나고 있다. 레드 와인은 오늘날에도 오크 통에서 저장되는데 지방에 따라 오크 통의 크기가 다르다. 프랑스의 경우 보르도 지방에서는 225L, 부르고뉴 지방에서는 228L 용량의 오크 통을 사용하지만, 다른 지방에서는 4,000~7,000L의 큰 오크 통을 많이 사용하고 있다. 숙성기간도 3~4년

정도로 옛날과 비교해서 짧아지고 있어 화이트 와인의 숙성기간도 길어야 1년 6개월에서 2년 정도이다. 용량이 작은 오크 통은 큰 통보다 표면적이 넓어지기 때문에 숙성기간을 단축시킬 필요가 있다.

4. 정제와 여과

숙성이 끝난 와인은 완전히 투명하게 여과시키며 필요에 따라 청정제를 사용하기도 한다. 청정제는 콜로이드 상태의 탁한 단백질과 색소 등을 엉기게 하여 가라앉히는 역할을 한다. 전통적으로 사용되고 있는 청정제는 계란 흰자, 젤라틴, 카세인, 벤토나이트 등으로 두 가지 이상의 방법을 병행하여 사용하고 있다.

또한, 원심 분리기, 필터, 프레스 등의 기계적인 여과와 병행해 투명한 와인으로 만들어 병에 넣는데, 최근에는 마이크로 필터를 사용하는 경우도 있다. 또, 와인은 과일의 산을 다량 함유하고 있는데, 대부분이 용해도가 아주 낮은 산성 주석산과 칼륨 상태로 존재해 있기 때문에 저장중에 결정 형태로 나타난다. 이 결정은 무해한 것으로 와인의 맛과 산도를 나타내기 때문에 프랑스 등 유럽의 와인 생산국에서는 '와인 속의 다이아몬드'라 부른다. 그러나 와인에 익숙하지 않은 나라에서는 이것을 불쾌하게 생각하는 사람들이 많기 때문에 병에 넣기 전에 0℃에 가까운 저온으로 수일간 방치해 결정을 일부 축출시켜 여과

◀ 생테밀리옹 지방에서 와인 보충 작업을 하는 모습.

◀ Ch. Mouton Rothschid의 대형 발효 탱크.

▼ 통갈이를 하는 사람들.

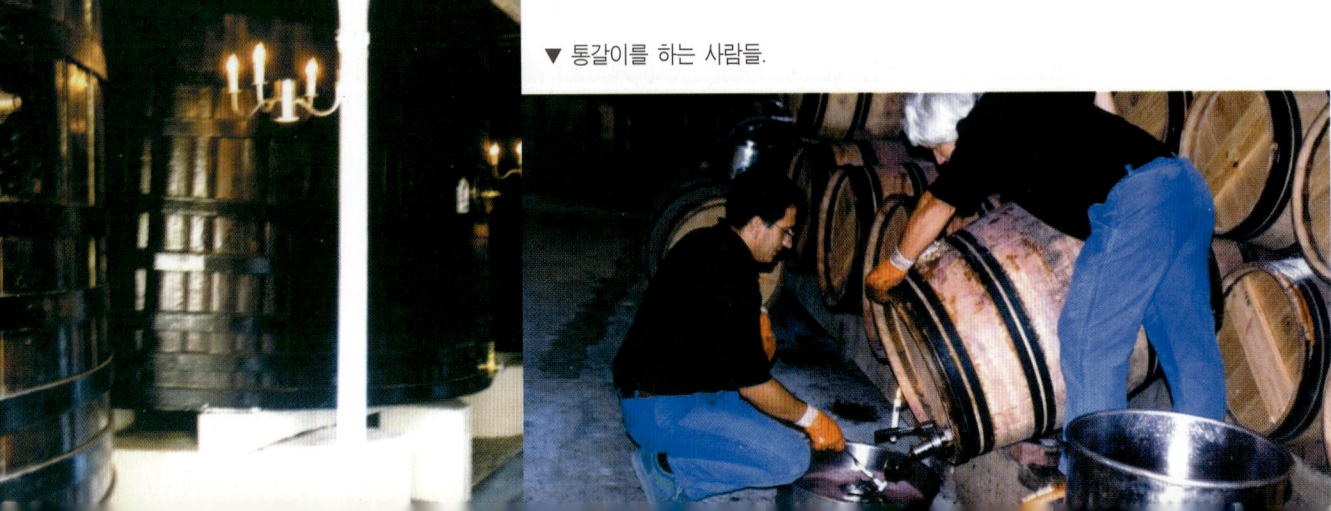

한 후 병에 담기도 한다.

5. 블렌드(Blend)

와인은 술의 성격상 위스키만큼 블렌드가 중요한 요소로 풍미의 균형을 잡기 위해서 블렌드가 반드시 필요하다. 블렌드의 목적은 여러 가지로 옛날에는 상품의 품질을 다양화하는 것이 중요한 목적이었으나, 오늘날에는 맛을 중요시하는 타입의 와인은 그 특징을 살려 전체적인 균형이 잡힌 풍미로 완성시키기 위해 블렌드한다. 따라서 단순히 오크 통마다 다른 풍미의 차이를 없애는 목적의 블렌드, 뱅 드 구트와 뱅 드 프레스를 적당한 비율로 블렌드해 그 포도원의 개성을 살리기 위한 블렌드, 다른 품종의 와인과 블렌드, 다른 연도의 와인과 블렌드, 다른 밭과 생산지 와인의 블렌드 등을 한다. 특히, 독일 와인과 셰리처럼 블렌드에 따른 풍미가 중요한 역할을 하는 경우 등 여러 형태의 블렌드가 이루어지고 있다. 또한 블렌드의 시기도 성숙이 빠른 경우부터 병에 넣기 직전까지 목적에 따라 여러 가지가 있다.

6. 병입과 병 숙성

이상의 과정을 통해서 마지막으로 병에 담긴다. 와인은 다른 술에 비해 생산자의 규모가 작아서 병입도 다른 주류와 달리 수동으로 이루어지는 경우가 많다. 기계화되어 있는 경우도 소규모인 경우가 대부분이다. 포도에서 와인

와인을 오크 통에 넣기 전 오크 통을 아황산가스(SO_2)로 소독하기 위한 기구들.

양조, 병입까지 생산자가 일괄적으로 하는 경우와 판매자가 사서 병입하는 경우도 있다. 병입 전의 과정을 포함하여 능력과 설비를 완비하고 있는 업자쪽이 훨씬 낫다고 할 수 있으나, 생산자가 병입까지 하는 것이 훨씬 인기가 높다.

와인은 병입하였을 때까지 풍미가 완성되어 있지 않는 경우도 있는 진귀한 술이다. 양으로는 아주 적은 편이나, 빈티지 차트에서 풍년인 해의 레드 와인인 경우 10년 가까이 숙성시켜 마시는 경우가 있는데 이와 같은 것은 다른 술에서는 찾아볼 수 없는 것이다. 병입 후의 숙성을 병 숙성이라 하는데, 이것은 특히 병에 넣을 때 산소 등을 빨아들여 깨진 풍미의 균형을 회복시키는데 필요하다. 병 숙성에 필요한 기간은 일반직으로 3개월에서 6개월 정도 걸린다. 보르도의 샤토 와인처럼 긴 세월 동안 숙성시킨

전통적인 수동방식의 삼페인 병입기 Beaumont de Cryérers.

주1) 제경, 파쇄기
　적포도의 파쇄는 현재 제경과 파쇄가 동시에 이루어지는 파쇄기를 사용하고 있다. 이것은 먼저 두 개의 롤러 사이에 포도를 넣어 잘게 부순다. 부서진 과즙은 과피와 과경이 함께 원통의 많은 구멍으로 떨어진다. 이것은 롤러로 전방에 밀어 넣어 그 사이에 과피와 씨는 과즙과 함께 구멍으로 떨어지게 되고 과경은 롤러로 먼저 다른 출구로 보내지게 된다.

와인의 병 숙성은 10~15℃ 정도의 냉암소에서 옆으로 눕혀 놓을 필요가 있다. 습도가 너무 높으면 곰팡이가 생길 염려가 있고, 너무 낮으면 코르크 마개가 말라버릴 우려가 있기 때문에 75% 정도의 습도가 가장 최적 습도이다.

　와인은 병 안에서 산소가 공급되지 않은 상태로 오랜 기간 저온으로 숙성되는 동안에 에스텔주[2] 생성 등과 같은 화학 변화를 일으켜 진하고 성숙한 향이 생긴다. 통 숙성을 산화 숙성, 병 숙성을 환원 숙성이라 한다. 이와 같이 와인의 병 숙성에 필요한 기간은 와인 종류에 따라 여러 차이가 있다. 오늘날의 일반적인 경향은 화이트 와인의 신선한 풍미를 즐기는 데 있으나 수년간 숙성시켜야 제대로 풍미를 즐길 수 있는 화이트 와인도 있다. 그리고 일반적인 레드 와인은 숙성을 시켜야만 제 풍미를 즐길 수 있다.

　그러나 10년 후에 마시는 와인이라 해도 병입 후에 저장고에 보관하지 않고 바로 시장으로 팔려나가는 것이 요즘의 현실이다. 따라서 진정한 와인 애호가는 와인의 품질이 완성되기 전에 사서 오래 저장하였다가 숙성이 잘되었을 때 마신다. 또 레스토랑에서도 적절히 마실 때쯤에 와인 리스트에 올린다. 최고의 서비스를 자랑하는 파리나 유럽의 유명 레스토랑에서는 와인의 숙성도를 철저히 지켜 항상 최고 상태의 와인을 제공하고 있다.

주2) 에스테르
　유기산과 알코올이 결합되어 생기는 물질이 에스테르로 화려한 향을 지니고 있다. 에스테르에는 많은 종류가 있으나 대표적인 약한 에틸을 예로 들면 다음과 같은 반응에 의해 생성된다.
$$CH_3COOH + C_2H_5OH \rightarrow CH_3COOC_2H_5 + H_2O$$
　초산　　에스테르　　초산에스테르　　물
이 때 초산 에스테르는 와인 안의 에스테르로 가장 많이 존재하고 숙성한 향의 중요한 성분이 되지만 많을수록 좋은 것은 아니다. 너무 많으면 오히려 풍미를 잃어버린다.

　오크 통 외부에 아황산가스(SO_2) 처리를 할 수 있는 기구.

레드 와인 양조

레드 와인은 흑포도로 만든다. 수확된 포도를 선별한 후 파쇄기에 넣고 줄기를 제거한다. 프랑스의 전통적인 레드 와인 양조법에서는 고급 와인 외에는 줄기 제거를 전혀 하지 않거나 일부만을 제거해 발효시켰다. 이 때문에 쓴맛과 강한 와인이 많았으나 오늘날에는 거의 모든 와인을 만들 때 줄기를 제거한 후 발효시키고 있다.

안에 국자 모양의 틀을 가라앉혀 세균의 생성을 방지하거나 발효액을 밑에서 펌프로 끌어올려 샤포 위에 떨어뜨려 유해 미생물의 번식을 막는 방법을 사용한다.

밀폐 탱크에서 발효시키는 경우에는 외부 공기와 접촉이 없기 때문에 착지는 필요 없다. 발효가 시작되면 포도 껍질에 포함된 안토시안 색소가 포도 안에 용해되나 색소

Ch. La Mission Haut-Brion의 오크 통에 아황산가스(SO$_2$) 처리를 하고 있다.

파쇄 후의 흑포도 과즙은 과피와 씨를 포함한 채 발효조로 보내진다. 이 때 산화방지와 좋지 않은 미생물의 활동을 막기 위해서 아황산가스(SO$_2$)[주]를 소량 넣는다 [보통 메타종 아황산가리(K$_2$S$_2$O$_5$)]. 레드 와인의 발효는 색과 복잡한 맛을 내기 위해 화이트 와인보다 좀더 높은 온도(30℃)로 하고 있다. 개방 탱크에서 발효시킬 경우에는 과피(Chapeau)가 표면에 떠올라 미생물이 번식해 와인의 품질에 나쁜 영향을 준다. 따라서 이것을 막기 위해 발효조

는 세포막으로 보호되어 파쇄만으로는 색소가 나오지 않고 알코올 발효가 시작되면 세포막이 찢어지고 색소가 녹아 나와 발효액이 빨갛게 된다. 발효액은 시간이 지나면 색이 진해지나 장시간 두면 흡착되어 오히려 색이 바래지므로 적당한 시기에 껍질과 씨를 제거한다.

레드 와인의 여과는 처음에 압력을 가하지 않고 유출된 부분(Vin de goutte)과 압력을 가하여 얻어지는 부분(Vin de presse)을 나누어 따로따로 통에서 저장했다가 제품화

될 때 양자의 특징을 살려 적당한 비율로 블렌드하는 경우도 있다.

또한, 보르도처럼 두 가지 이상의 포도 품종을 사용하여 와인을 만드는 경우는 수확기도 서로 다르기 때문에 발효도 따로 한다. 이 경우 기본적인 블렌드는 와인이 되고 난 후 비교적 빠른 시기에 하는 것이 일체감이 잘 나타난다.

레드 와인 중 일부는 프랑스의 보졸레와 같이 양조 후 1개월 안에 시장에 나오는 경우도 있으나 대부분은 적어도 통에서 6개월 내지 2년 정도 숙성시켜 상품화시킨다. 이 동안 일반적인 포도주는 말로라틱 발효가 진행되어 사과산은 줄고 부드러움이 늘어난다.

통 숙성의 경우 오크 통의 크기와 새것과 낡은 것의 차이에 따라 숙성의 진행이 다르다는 것은 앞에서 설명하였다. 새 오크 통은 매우 비싸기 때문에 와인이 고가로 팔리는 샤토가 아니면 항상 새 오크 통을 사용할 수 없다. 보르도의 유명한 생산자의 경우 품격이 다른 샤토를 몇 개씩 가지고 있는 경우가 있는데, 품격이 높은 샤토는 새 오크 통을 사용하고 품격이 낮은 샤토는 사용한 오크 통을 다시 사용하는 경우가 있다. 이것은 상당히 합리적인 해결방법이다.

와인의 숙성에 사용된 오크 통을 다시 사용할 경우에는 고압의 물로 깨끗하게 하는 것이 중요하다. 그 이유는 나무는 미생물의 집이 되기 쉽기 때문에 청소가 제대로 안 되면 숙성중에 와인이 오염될 수 있는 위험이 있기 때문이다.

주)아황산가스

와인 양조에는 아황산가스의 사용이 필수적이다. 사과의 껍질을 벗기면 금방 갈색으로 변한다. 이와 같이 파쇄된 포도 과즙도 산화 효소에 의해 변한다. 이것을 방지하기 위해서 산화방지제가 필요하다. 포도 껍질에는 여러 가지 미생물이 부착되어 있어 과피가 찢어지면 곧 활동을 개시한다. 이 때 와인에 이로운 효소는 천천히 활동을 개시하지만 야생 효모와 같이 와인 양조에 바람직하지 못한 미생물은 활동을 빨리 개시한다.

아황산가스는 중세부터 오랜 세월 동안 사용되어 왔기 때문에 와인의 효모는 아황산가스에 내성이 강하지만 유해한 미생물은 약하다는 이점이 있기 때문에 아황산가스가 존재하면 발효가 정상적으로 이루어지는 것이다. 아황산가스에는 산화방지 작용에 의해 화이트 와인의 착색을 억누르는 작용 외에 레드 와인의 경우처럼 색소의 축출을 돕는 작용과 와인의 정제 작용, 글리세린의 생성을 도와 와인의 농도를 더하는 작용, 말로라틱 반응을 억누르는 강한 산을 막는 작용, 알데히드와 결합해 이 성분의 집적을 돕고 향미를 늘리는 등의 작용이 있어 여러 가지 좋은 결과를 가져온다.

아황산가스의 독성에 대해서 여러 가지 연구가 오래 전부터 이루어져 왔으며, 와인에 첨가되었을 때는 문제가 없는 것으로 알려져 있으나 나라에 따라서 최대 허용량이 약간씩 다르게 규정되고 있다. 우리 나라에서는 아황산가스의 최대 허용량은 350ppm/L 이하이다. 아황산가스는 와인에 거의 용존 상태로 존재하고 있으나 첨가 직후처럼 활동이 활발한 상태에서는 자극이 강해 와인을 마실 수가 없기 때문에 최소 필요량을 사용하고 어느 정도 안정이 된 후에 마신다.

새로운 레드 와인 양조

1. 마세라시옹 카르보니크(Macération Carbonique)

레드 와인은 일반적으로 타닌을 많이 포함하고 있기 때문에 거의 모든 경우 숙성이 필요하다. 그러나 신선한 레드 와인의 장점을 즐기려는 노력도 이루어지고 있다. 그 대표적인 방법이 마세라시옹 카르보니크라 불리는 방법이다. 이것은 세로형의 큰 밀폐 스테인리스 탱크에 수확한 흑포도를 파쇄하지 않고 그대로 가득 채우고 와인에 유해한 미생물의 활동을 방지하기 위해 탄산가스를 채워 수일간 방치하는 방법이다. 이 때 포도는 가벼운 세포 내 발효를 시작해 세포막이 찢어지기 쉬운 상태로 된다. 이 포도를 압착해서 얻어진 과즙을 화이트 와인 양조 방법과 같은 방법으로 발효시키면 아주 프루티(Fruity)한 향을 얻을 수 있고 색깔도 아름다운 와인을 얻을 수 있으며, 타닌의 떫은맛이 적은 신선한 맛의 레드 와인이 된다. 대표적 산지는 프랑스의 보졸레 지방이며, 마세라시옹 카르보니크는 탄산가스를 밖에서부터 주입하는 방법과 포도를 탱크에 넣는 사이에 일부 포도의 발효에 의해 발생하는 탄산가스에 의한 방법 두 가지가 있는데 보졸레 지방에서 사용하는 방법은 후자의 경우이다. 따라서 보졸레 사람들은 "자신들은 마세라시옹 내추럴이고 카르보니크는 아니다."라고 한다. 대부분 와인이 자연으로부터 얻은 술이라는 이미지를 훼손시키고 싶지 않은 기분을 나타낸 것이라 하겠다.

2. 마세라시옹 아 쇼(Macération à Chaud)

위와 같이 단기에 마실 수 있는 레드 와인 제조법으로 남프랑스에서 자주 이루어지는 방식이다. 수확된 포도를 제경 후 탱크로 보내 70℃에서 30분 정도 증기로 가열해 와인을 만드는 방식으로, 최근에는 두꺼운 관을 통해 80~85℃로 1~2분간 가열해 세포막을 파괴해 색소를 과즙 내에서 용해시켜 압즙하여 발효시키는 방법이다. 색이 좋고 타닌이 적어서 빨리 마실 수 있으나 고급 와인으로 취급은 받지 못하고 있다.

화이트 와인 양조

화이트 와인은 흑포도나 청포도 어느 것으로도 만들 수 있다. 수확 후 제경, 파쇄 후 압착하여 과피와 씨를 제거해 과즙만을 발효시키기 때문에 흑포도의 사용도 가능하다.

샹파뉴와 같이 흑포도의 비율이 높아 화이트 와인에 색이 전혀 나지 않게 하는 것이 중요한 경우에는 상처 없는 포도를 주의 깊게 골라 수확해 제경하지 않은 채 즉시 압착해 과피에서 색소가 나오지 않도록 과즙을 짠다.

과즙은 소량의 아황산가스와 효모를 넣어 발효시키나 레드 와인보다 발효온도를 20℃ 이하로 낮게 하여야만 포도의 향이 남아 좋은 와인을 얻을 수 있다. 따라서 밀폐 탱크가 많이 사용되고 있다. 화이트 와인의 경우에는 압착하기 전에 포도의 무게에 의해 자연히 흘러나오는 프리런 주스와 압착해서 나오는 주스로 나누어 발효시키는 경우도 있다. 전자는 산뜻한 와인이 되고 후자는 느낌이 강한 와인이 된다. 최종적으로는 제품의 개성에 맞게 블렌드를 한다. 또한, 발효 전의 과즙을 원심분리기에 넣어 정제해 발효시키면 잡미가 없는 산뜻한 와인이 만들어지기 때문에 이 방법도 종종 사용되고 있다. 이러한 와인 양조에서는 화이트 와인의 경우에도 과피와 때에 따라서는 과경을 일부 넣은 채 발효시키는 경우도 있는데 이것은 와인의 색이 진하고 맛도 강해 특별한 경우 이외에는 이 방법은 사용하지 않는다.

화이트 와인은 드라이한 맛에서 단맛에 이르기까지 다양한 맛을 지니게 되는데, 이것은 원료 포도의 당도와 발효를 언제 정지시킬 것인지에 의해 결정된다. 테이블 와인은 발효 후 당분 첨가가 금지되어 있어 발효 후에 스위트 와인으로 만들 수 없다. 발효를 중지시키려면 온도를 내려 진행을 멈추게 하고 원심분리기에서 효모를 제거하는 방법이 있다. 포도의 당도는 토양조건에 따라 다르고 기후에 따라서도 크게 좌우된다. 따라서 유럽 북부의 와인산지에서는 일정양의 보당^{주)}을 하여 발효 전에 포도의 당도를 올리는 것이 가능하다.

독일은 유럽의 와인 산지 중에서 가장 북쪽에 위치해 포도의 당도는 낮고 산이 높은데 높은 산의 특징을 살려서 독일 와인 특유의 풍미를 만들어낸다. 산미는 적절한 단맛이 있으면 연한 향기로 바뀌는데 그 이점을 살려 포도 과즙의 일부에 고압 탄산가스를 넣어 발효의 진행을 멈추게 하여 당을 보존(Sussreserve)해 두었다가 발효가 완전히 끝난 와인을 제품화할 때 이 쉬스레제르베를 일부

첨가함으로써 과일의 향기가 넘치고 신맛과 단맛이 균형 잡힌 프루티한 화이트 와인이 된다. 이 방법은 현재 독일 와인에서만 하고 있는 특징으로 다른 나라에서는 볼 수 없다. 독일 와인 중에서도 아우스레제 등과 같은 특급의 스위트한 와인은 이 방법으로 만들어지는 것이 아니고 발효 전부터 가지고 있던 천연의 당이 남은 것이다.

주)보당(Chaptalisation)

수확된 포도가 항상 충분한 당을 함유하고 있다고는 볼 수 없다. 당의 함유량이 너무 적으면 와인은 엷은 맛이 된다.

발효 전의 과즙에 당을 넣어 당도를 높이면 당이 적은 포도로 만든 와인보다 맛있는 와인이 되기 때문에 당도가 부족한 포도에는 보당을 한다. 이 보당을 프랑스에서는 샤프탈리자시옹(Chaptalisation)이라 부른다. 19세기 초 나폴레옹 시대에 농림 장관을 지내고 프랑스에서 가장 오래된 '와인 양조법'을 쓴 프랑소와 샤프탈리(1756~1832)의 이름을 딴 것으로 1790년경부터 이루어졌다.

보당은 와인의 질을 좋게 하고 알코올 도수를 높이기 위해 하는 것이지만 무제한으로 보당을 하는 것은 아니다. E.C. 와인법에서도 나라와 지방별로 와인에 허용되는 포도의 최저 당도와 보당의 한도를 정하고 있다. 지나치게 보당하거나 발효 후에 알코올을 첨가하는 것은 테이블 와인 맛에 나쁜 영향을 주기 때문에 와인 양조에 진정으로 힘쓰는 메이커는 포도를 가능한 당도가 높은 것을 원료로 하고 보당을 최소화하며 발효 후의 알코올 첨가는 일체하지 않는다. 그 차이는 와인의 맛으로 정직하게 나타난다.

18세기경의 와인 숙성고에서 통 갈이를 하는 광경.
오늘날과 별 차이가 없다.

귀부 와인 양조

포도의 당도는 일반적으로 잘 익었을 때 20도를 넘는다. 이탈리아와 캘리포니아 내륙에서는 당도가 조금 더 올라가는데 이 경우는 산이 너무 줄어들 수 있다.

포도 숙성기에 미생물이 부착, 번식하면 발효성 부패를 일으켜 당분이 분해되어 이상한 냄새가 나고 와인이 될 수 없게 된다. 포도에 있어서 곰팡이는 큰 적이다. 그런데 보트리티스 시네레아(Botrytis Cinerea)라는 곰팡이만은 숙성기에 들어가 당도가 16도 정도까지 오른 포도 과피에 부착하여 번식하면 과피 표면을 감싸고 있는 피막을 녹여 수분의 증발을 촉진하는 역할을 한다.

포도나무가 뿌리로 수분을 빨아올리지만 수분의 증발을 막을 수는 없고, 과즙은 농축되어 당도가 높아지게 되는데 경우에 따라서는 당도가 60도를 넘는 경우도 있다. 산은 일부분만 분해되나 농축되기 때문에 일반적인 과즙보다는 높아져 보트리티스 시네레아의 활동에 의해 글리세린을 포함한 여러 가지 물질이 생성된다. 이 상태의 포도를 귀부(Pourriture noble, Edelfaule, Noble rot)라 부른다. 이것을 양조하면 당도가 높아져 발효는 느리게 진행되고 독특한 맛을 지닌 단맛의 와인이 된다. 이 와인을 독일에서는 트로켄베렌아우스레제(Trockenbeerenauslese)라 한다. 프랑스에서는 귀부 와인에 대한 명칭이 따로 없

으나 보르도의 소테른(Sauternes) 지역의 샤토 디켐을 시작으로 프르미에 크뤼가 대표적인 귀부 와인을 생산하고 있다.

역사적으로는 헝가리의 토카이가 가장 오래되었고, 오스트리아와 독일에서도 훌륭한 귀부 와인이 생산되고 있다. 또한 포르투갈의 일반 소테른, 센토, 클로와 듀몬, 로알의 코트 드 레옹 등의 와인은 귀부 포도로 만든 스위트 와인이라 한다.

보트리티스 시네레아는 이와 같이 좋은 역할을 하지만 포도가 숙성한 후에 부착한 것이 아닌 경우는 성장을 방해하기 때문에 피해만 입히고 이익은 전혀 없다. 따라서 귀부 포도는 일부러 만드는 것이 아니고 봄, 여름에는 열심히 발생을 방지하다가 가을에 부착한 경우에 잘 관리하여 귀부 포도가 되는 것을 기다린다.

귀부가 일어나기 쉬운 품종은 세미용, 리슬링 등과 같이 과피가 얇은 품종으로 적포도 품종에서는 좀처럼 일어나지 않는다. 또한, 레드 와인의 경우에는 색도 나빠지고 풍미도 떨어지기 때문에 귀부 와인은 없으나 독일의 로제 와인에는 일부 적은 양의 귀부 포도와 섞인 베렌아우스레제가 있다.

로제 와인 양조

레드 와인과 같이 흑포도를 사용하며 초기 과정은 레드 와인 양조법과 같으나 색의 정도에 따라 압착해 과피를 제거한 후에는 화이트 와인과 같은 방법으로 발효시킨다.

레드 와인의 경우는 거의 드라이하나 로제 와인은 발효가 완전히 끝날 때까지 하지 않고 단맛을 조금 남기는 것이 대부분이다. 로제 와인은 원칙적으로 흑포도로 만들지만, 그 색은 지극히 옅은 화이트 와인(Vin Gris)에 가까운 것에서부터 레드 와인에 가까운 것에 이르기까지 다양하다. 보르도의 색이 진한 레드 와인을 영국에서는 클라레(Claret)라고 부른다. 이 말은 뱅 클레이레(Vin clairet)라는 로제 와인을 일컫는 말에서 유래한 말로 보르도의 레드 와인을 지칭하는 뜻으로 사용되었다. 로제 와인도 마세라시옹 카르보니크의 방법이 사용되기도 한다. 이 방법으로 만든 일부의 타벨 로제(Tavél Rosé)는 아주 신선해서 전통적인 방법으로 만든 타벨 로제와는 느낌이 전혀 다르다.

프랑스를 중심으로 유럽의 주요 와인 생산국은 레드 와인과 화이트 와인을 블렌드해 만드는 로제 와인은 법으로 금지하고 있다. 중세 때 뱅 클레이레의 양조에서 이 방법을 사용하였으나 현재는 개성이 불확실하여 특징이 없는 와인이라 하여 인기가 없다.

그러나 흑포도에 백포도를 섞어 로제 와인을 만드는 것은 금지되어 있지 않다. 고급 와인은 생산지 내에서의 혼합 비율은 어느 정도 허용범위를 정해 놓고 있는데, 이러한 방법으로 만든 와인 중에서 가장 유명한 것은 독일의 뷔르템부르크주에서 만들어지는 실러바인(Schillerwein)이다.

오크 통 숙성은 산화 숙성이라고 한다. 요즈음에는 숙성 기간이 대체로 짧아지고 있다.

와인의 숙성(출하까지)

주발효를 끝낸 와인은 아직 잔류 당분이 있기 때문에 좀더 발효를 진행시킨다. 이 때 여분의 당분은 줄고 와인 속에 녹아 있던 탄산가스의 대부분도 외부로 방출된다. 또한, 와인 내의 탁한 효모의 대부분도 밑으로 침전된다. 더욱이 레드 와인은 사과산을 유산으로 바꾸는 말로라틱 발효를 하기도 한다.

후발효가 거의 끝난 와인은 아직 풍미의 균형이 잡혀 있지 않기 때문에 오크 통과 탱크로 이동시켜 저장, 숙성 시키는데 이 때 탄산가스는 조금씩 빠져나가고 와인은 투명해지며 효모 냄새 등 발효로 생기는 향도 빠지게 된다. 레드 와인은 말로라틱 발효가 완전히 진행되어 와인의 풍미가 안정되었을 때 병에 담는다.

오크 통 숙성을 할 것인가, 탱크 저장을 할 것인가는 와인의 성격에 따라 결정된다. 화이트 와인은 일반적으로 신선한 향과 맛을 지니게 하기 위해서 외부의 영향이 없는 탱크에서 숙성시키는 경우가 많다. 레드 와인은 오크 통에서 용출된 성분에 의해 첨가되는 풍미도 중요하기 때문에 오크 통 숙성을 하는 경우가 많다. 화이트 와인의 경우에도 품종에 따라 오크 통 숙성을 하는 것도 있고, 독자적인 개성을 강조하는 생산자도 오크 통 숙성의 의미를 중요시하고 있다.

오크 통 숙성과 탱크 숙성중 수개월 동안 바닥으로 침전된 것을 제거하는 '침전물 제거작업' 을 한다. 이 때 와인은 공기 중의 산소와 접촉해 일부가 오염이 되는 경우가 있는데, 오크 통은 탱크보다 보존적인 측면이 작아서 공기와의 접촉을 최대한 차단시키고 있다. 이 작업과 저장중에 주로 오크 통 입구로 미량의 산소가 들어가 와인이 천천히 화학변화를 일으켜 숙성이 진행된다. 이 숙성을 산화 숙성이라고 한다.

와인의 산화 반응은 에틸 알코올이 아세트알데히드가 되고 더욱 진행되면 작산이 된다. 그리고 이 산이 알코올과 반응하여 향이 높은 에스테르가 만들어진다. 이 에스테르화는 나중에 기술하는 병입 후에 더욱 높은 비중을 차지한다.

오크 통 숙성의 기간은 와인의 종류, 오크 통의 크기, 새 통인가 헌 통인가에 따라 다르지만, 옛날과 비교해 보면 전반으로 짧아졌다. 옛날에는 화이트 와인은 2년, 레드 와인은 3년 이상 숙성시키는 경우가 많았고, 경우에 따라서는 10년 이상을 숙성시키는 것도 있다.

그러나 오늘날은 화이트 와인의 경우 숙성기간이 길어야 1년 정도이고 대부분 6개월 정도가 많다. 레드 와인의 경우는 225L 용량의 통에서는 거의 1년 6개월에서 2년 정도, 7,000L의 통에서는 3년 정도로까지 짧아졌다. 이것은 양조 기술의 발달로 와인의 풍미를 제대로 즐길 수 있게 되어 지나친 맛의 변화를 싫어하게 되었기 때문이라 할 수 있다.

또한, 요리에 있어서 운송수단의 발달로 신선한 재료를 손쉽게 구할 수 있게 되었기 때문에 옛날보다 신선한 재료가 지닌 맛을 살리기 쉬워 맛에 영향을 주었고, 옛날보다 미숙한 와인을 마시게 되는 하나의 원인이 되었다.

오크 통과 탱크에서 숙성된 와인은 정제, 여과 과정을 거치게 되는데 콜로이드 상태의 부유물을 침전시켜 걸러 내고 완전히 투명한 상태가 되면 병입한다. 와인을 투명하게 하기 위해 사용되는 청정제는 젤라틴·단백질(계란 흰자)·카세인·벤토나이트 등이나, 젤라틴·단백질·카세인은 와인 속에서 +전하를 띠고, 벤토나이트는 -전하를 띠기 때문에 결합하는 물질이 달라 함께 사용한다.

그리고 와인의 안정화를 목적으로 0℃에 가까운 온도에서 수일에서 수주간 두기도 한다. 이 경우에 주로 추출되는 것이 주석이다.

원심 분리기에 의한 정제는 발효 전의 과즙과 발효 후의 와인에도 사용되고 있다.

여과는 아무것도 사용하지 않고 그냥 위의 것만 따르는 경우와 여과제를 사용하는 경우도 있으나, 최근 들어 마이크로 필터의 사용이 일부에서 이루어지고 있다.

미모의 여인과 비주(秘酒)

프랑스의 궁정사상 유례없는 미모 때문에 프랑소와 1세와 앙리 2세의 총희(寵姬)가 된 뒤앙느 포아티에의 그 미모 유지 비결은 와인에 약초를 섞은 뒤앙느의 비주(秘酒) 덕분이었다고 한다. 와인은 타고난 용모는 바꿀 수 없으나 피부의 아름다움과 아름다움을 유지하는 비약이었다고나 할까?

그녀는 아름다운 미모덕에 앙리 2세로부터 루아르의 가장 아름다운 성인 쉬농쇼우 성을 하사 받기도 하였다.

와인의
숙성과 저장

병 숙성

와인의 저장

재고 관리

빈티지

병 숙성

업소용 와인 셀러(Wine Cellar).

병입된 와인은 풍미가 완성되기를 기다렸다가 출고하게 된다. 와인은 산소를 잘 흡수하는 성질을 지니고 있어 미량의 산소 유입에도 풍미가 떨어질 우려가 있다. 따라서 떨어진 풍미의 균형 회복을 위해서는 병 숙성이 필요한데 병 숙성은 최소 3개월 정도 한다.

이와는 달리 병입된 와인은 공기와의 접촉을 피한 상태에서 오랜 기간 저장하는 사이에 풍미의 향상을 기대할 수 있다. 이것은 와인만이 가지는 특성으로 다른 주류에서는 볼 수 없는 현상이다. 긴 세월 동안 숙성시켜 풍미를 완성시킨 위스키와 브랜디의 풍미의 향상은 오크 통 숙성 기간에는 있어도 병입 후에는 품질이 향상되는 경우가 없다. 이에 비해 와인의 경우는 지장될 때에 여분의 타닌이 침전해 있거나, 에스테르의 생성 등에 의해 향과 풍미의 균형이 향상되는 경우가 많다. 이 경우 공기와 접촉시키지 않기 때문에 환원숙성이라 부른다. 흔히 '와인은 살아 있다' 라는 표현을 쓰는데, 이것은 병입 후 와인이 숙성해 가는 과정이 마치 인간이 소년, 청년, 장년, 노인으로 되는 과정과 비슷해 생겨난 말이다.

병입 후의 풍미 변화는 포도로부터 얻은 최초의 향기(Aroma)는 줄어들지만 복잡한 부케가 생겨나고 타닌이 침전됨에 따라 부드러운 향과 맛이 생겨나기 때문에 숙성 중의 변화를 완벽하게 설명하기는 어렵다. 다만, 부분적으로 위와 같은 현상 외에 오크 통에서 용출한 리그닌 성분으로 인하여 바닐라 향이 생성하는 것 등은 알 수 있으

나, 결국 여러 가지의 풍미의 밸런스가 좋고 나쁨에 영향을 주므로 완전히 설명하기는 복잡하다.

총체적으로 말하면 산과 타닌의 양에 크게 영향을 받아 성격이 강한 와인일수록 시간이 오래 걸리고 와인에 따라 밸런스의 차이가 있기 때문에 진행의 속도도 숙성 차이가 있어 다음의 표는 대략의 경향을 나타낸 것이다.

또한 동일한 생산자가 만드는 와인도 수확된 해의 기후 조건 등에 따라 매년 와인의 성격과 숙성의 진행에 차이가 생기고 타입이 다른 와인은 저장에 따른 풍미의 변화도 차이가 생긴다. 예를 들어 보졸레와 같이 수확한 그 해에 마시는 타입의 와인은 긴 시간 저장하면 풍미의 균형이 무너지기 쉽기 때문에 빨리 마시는 것이 좋다. 그러나 보르도의 크뤼 클라세(Cru Classé)와 같은 와인은 병에 넣기까지 2년 정도의 오크 통 숙성이 필요하다. 더욱이 작황이 좋은 해의 와인은 병입 후 10년 정도의 숙성 기간을 거쳐야 마시기에 적당하다. 그 후에도 오랜 시간 동안 즐길 수 있다. 그러나 장기 보존이 가능한 와인이라도 보관조건이 나쁘면 품질은 급속히 떨어져버린다. 오랜 기간 동안 와인을 즐기기 위해서는 저장조건이 중요하다.

도표에서 ①~④는 숙성 시간과 함유성분의 변화를 나타낸것이다.

①은 보르도의 크뤼 클라세와 같이 풍부한 개성을 지닌 와인으로 해가 거듭될수록 숙성 향이 나고 와인 안의 타닌 감소와 함께 밸런스가 잡힌 풍미가 되는 타입이다.

②는 ①에 비해 개성이 온화해 숙성에 의한 풍미의 밸런스 향상은 빠르나 도달점은 거의 낮다.

③은 그다지 향상되지 않는 와인을 나타낸다.

④는 보졸레 누보처럼 프루티한 향이 눈에 띄나 시간이 경과함에 따라 밸런스가 빨리 무너지는 타입이다.

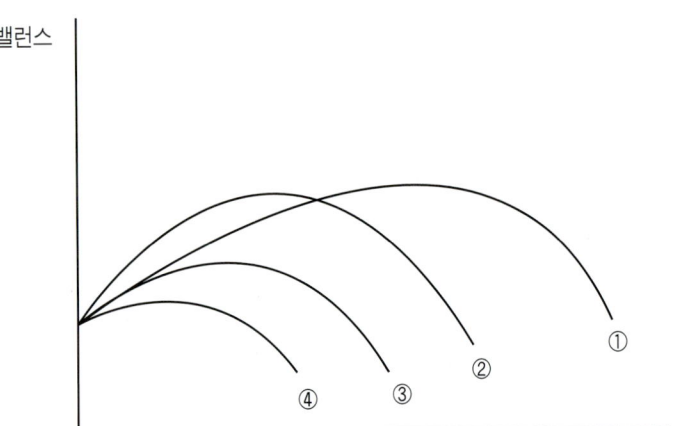

▲ 프랑스 디종(Dijon)의 *Bouchat pére Et Fils*의
지하 저장고의 곰팡이.

온도와 습도를 체크하기 위한 ▶
온·습도계.

와인의 저장(병입 후)

와인은 장기간 보존이 가능한 술이지만 증류주와 비교해볼 때 풍미를 오랜 시간 보존하기 위해서는 가능한 좋은 조건으로 저장할 필요가 있다.

이상적인 저장 조건에 대해 기술해 보면 다음과 같다.

이상적인 와인의 저장 조건

1. 기온이 13~15℃로 시간에 따른 온도의 변화가 거의 없을 것
2. 진동이 없는 조용한 장소일 것
3. 빛의 영향을 받지 않는 어두운 장소일 것
4. 이상한 냄새가 나지 않을 것
5. 가장 최적의 습도는 70~80%일 것
6. 와인은 라벨을 위로 하여 눕혀서 보관할 것

온도 변화는 물질의 화학 변화에 큰 영향을 주는데, 일반적으로 온도가 10℃ 상승하면 그 영향은 두 배가 된다. 온도가 낮은 쪽이 물질의 변화가 적고 장기간 보존이 가능하며, 주석의 추출이 쉽다. －5℃ 정도가 되면 내용물이 얼어 얼음 결정이 생기는 경우도 있고 풍미의 밸런스도 완전히 무너져 버린다. 그리고 저온이라고 해도 온도의 편차가 심하면 와인이 병 안에서 대류를 일으켜 나쁜 영향을 미친다.

진동과 소음도 화학 반응을 활발하게 촉진시키기 때문에 좋지 않다. 또한, 여름철에 낮에는 냉방을 하지만 저녁에는 냉

방을 끄기 때문에 온도가 외부의 기온과 비슷한 정도가 된다. 따라서 온도 변화가 심한 장소에 그냥 보관하는 것은 피하는 것이 좋다.

빛도 와인의 보존에는 좋지 않은 영향을 미친다. 적외선과 같은 열선은 물론이고 자외선도 좋지 않기 때문에 와인의 보관은 가능한 한 어두운 곳에서 하고 필요할 때만 전등을 켜는 정도가 바람직하다. 지하실처럼 습도가 높은 장소에서는 누전의 위험이 없는 설비가 필요하다. 와인만 저장할 경우에는 별 문제가 없으나 증류주 등의 통 숙성도 함께 하는 셀러는 알코올의 증기도 주의할 필요가 있기 때문에 방폭형 조명기구를 사용하는 것이 좋으며 환기에도 각별히 신경을 써야 한다.

습도와 온도가 너무 높으면 와인의 라벨에 곰팡이가 생겨 상품가치가 떨어지게 된다. 따라서 90% 이상의 습도는 좋지 않으며 습도가 높을 때에는 제습을 하는 것도 중요하다. 그러나 습도가 너무 낮으면 코르크가 건조해질 염려가 있다. 따라서 습도는 75%가 이상적이며 습도에 대한 대책은 비교적 간단하다.

파리와 같이 위도가 높은 유럽의 북부지역에서는 지하실을 만들기만 하면 연간 온도의 변화가 거의 없어 항상 10℃에 가깝게 보존할 수 있다. 습도도 거의 이상적인 조건에 가까운 상태가 된다. 그러나 습도가 높은 지역과 기온이 높은 지역에서는 지하실을 만드는 것만으로는 부족하고 습도 조절 장치와 온도 조절 장치가 필요하다. 따라서 최근 들어 설비와 비용이 많이 드는 지하실 대신 냉장고를 이용하는 경우도 늘고 있다. 그러나 냉장고를 이용하는 것은 비용면에서는 저렴하나 장소를 차지하고 큰 냉동기가 필요하고 온도의 기복도 심한 단점이 있다.

또한 레스토랑에서 와인을 보존하기 위해서 디셀러(Decellar)를 설치하는 곳이 많다. 크기는 100병 정도를 저장할 수 있는 규모에서 수백 병 이상을 저장할 수 있는 것까지 다양하고, 내부의 상단과 하단의 온도차는 10℃ 가까이 차이가 나는 것이 많다. 이런 경우 하단에 화이트 와인을, 상단에는 레드 와인을 저장해 두면 손님의 주문이 있을 때 즉시 마시는 온도로 제공할 수 있다.

비용과 장소로 이상적인 조건이 불가능한 경우에 유용

온도와 습도, 그리고 진동 등으로부터 완벽하게 차단된 프랑스 디종(Dijon) 지방의 Bouchat pére Et Fils의 지하 와인 저장고.

한 방법은 온도의 편차를 가능한 한 적게 하는 것이다. 양이 적은 경우에는 발포스치로폴로 된 단열 케이스를 사용하는 것도 임시 방편으로는 괜찮은 방법이다. 양이 많은 경우에는 단열재를 깐 상자나 방에 단열재로 칸막이를 하면 내부는 바깥 온도보다 보통 낮아지게 되고 온도 변화도 적어져 밖에 쌓아두는 것과 비교하면 아주 좋은 조건이다. 다만, 설치 장소는 빛이 들어오지 않고 다른 열원으로부터 멀리 떨어져야 한다. 빛과 진동도 가능한 한 피하고 개폐도 가능한 적은 것이 좋다.

습도에 대한 대응책으로는 와인을 필름재의 테이프로 싸서 놓으면 좋은 방비책이 된다. 결로에 따른 라벨이 곰팡이로 더러워지는 것을 방지하고 건조해지는 것을 방지하는 데에도 효과가 있다.

이상적인 저장 조건의 장소와 나쁜 저장 조건의 장소에 놓았을 때의 차이점은 와인의 성격과 소성(미생물의 혼입 유무와 산의 다소)에 따라 큰 차이가 있기 때문에 한꺼번에 모든 것을 설명할 수는 없으나 대략적으로 환경적인 요소에 따른 설명은 할 수 있다.

병입한 와인을 온도가 높은 상태에서 오랜 시간 두게 되면 색은 갈색으로 변하고 향은 포도에서 나오는 신선한 아로마가 없어지고 에스테르 생성에 따른 향긋한 숙성향이 생기나, 알데히드와 에스테르의 양이 많아지면 향이 강해지고 산화 냄새로 쾌적함이 없어진다.

온도가 높은 상태에서 저장한 와인의 풍미 변화에 대해서는 여러 가지 실험이 이루어지고 있는데 이것을 종합해 보면 다음과 같다.

1. 보르도 와인 연구소의 실험

a) 보르도의 연구소에서 한 와인 저장 실험에서 25℃로 저장한 와인과 12℃로 저장한 와인을 비교해 보니 25℃로 저장한 와인이 숙성이 빠르고 1년 6개월 정도까지는 오히려 마실 때까지의 기간 단축이라는 장점이 크다. 그 이상을 넘으면 맛이 변하는 단점이 눈에 띄었다.

b) 12℃로 5년간 저장한 와인은 25℃로 저장한 와인이

나 자연적인 조건에 의해 8~16℃ 사이에서 저장한 와인보다도 풍미가 신선하다.

c) 28℃를 넘는 조건이 오래 지속되면 탄내와 같은 풍미의 저하가 나타난다.

d) 온도 변화가 심한 곳과 강한 조명이 있는 곳에서는 확실한 품질 유지를 보증할 수 없다.

e) 병의 크기와 숙성 진행의 관계는 병이 클수록 숙성의 진행이 느리고 중간 정도 크기의 병은 큰 병보다 빠르다 (그러나 특별히 긴 세월을 저장하지 않으면 중간 정도 크기의 병도 문제가 없다).

2. 미국 캘리포니아 대학의 실험

캘리포니아 대학의 실험에서는 산소와의 접촉을 완전히 피해 53℃로 30일간 가열한 결과 3~4년간 병 숙성을 시킨 것과 같은 정도로 숙성된 맛과 프루티한 아로마가 없어진 것 외에는 특별히 나쁜 영향은 느낄 수 없었다. 그러나 산소가 있는 경우는 갈색화와 산화가 강하게 진행된다(이것은 실험이며 시판 와인으로 50℃에서 완전히 산소를 차단해 보관하는 것은 불가능에 가깝다).

이상의 결과로 와인은 소성이 좋으면 생각보다 오래가고, 25℃ 이하로 보존하면 여름도 무사히 지낼 수 있으나 신선한 풍미를 즐기는 타입의 와인은 중복이 지나기 전에 마시는 것이 좋다.

반면에 상당히 긴 세월을 숙성시켜야 마실 때가 되는 고가의 와인은 숙성 기간을 충분히 거쳐야 개성을 발휘하기 때문에 이상적인 저장 조건을 갖추고 천천히 숙성시키는 것이 바람직하다. 그 밖의 경우는 가능한 한 이상적인 조건에 가까운 환경을 만들어 와인의 성격에 맞추어 풍미가 저하되지 않도록 하는 것이 중요하다.

재고 관리

와인은 종류가 다양하기 때문에 재고 관리를 확실히 하는 것이 중요하다.

재고 관리에 기본적으로 필요한 사항

1. 먼저 제품마다 월간 판매수량의 계획을 세우고 공급의 난이도를 고려해 재고의 최소, 최대량을정한다
(고가의 와인은 연간).
2. 재고 일람표를 작성해 영업 실적과 비교해 타당성을 확인한다.
3. 제품마다 재고 관리표를 작성하여 출입을 관리한다.
4. 매일 출고를 확인해 기록한다.
5. 매월 출입 월보에 의해 출입 재고를 확인함과 동시에 매달 각 부서의 판매량을 영업계획에 참 고 한다.
6. 재고 관리표에 따라 와인의 발주를 확실히 하고 재고가 떨어지지 않도록 주의한다.
7. 빈티지의 변경, 고가의 수급 상황, 가격 변경의 정보는 신속하게 입수할 수 있도록 한다.

와인 재고 관리표

와인명 (국가, 지방, 회사명)		빈티지		코 드 번 호	
		용 량		와 인 코 드	
최소재고량	병	최대재고량	병	평균판매량	병/월
연 월 일	입고	출고	재고	매입단가	판매가	매 출	확인자
누 계							
공 급 사							

1일 와인 재고표

NO	와인명	월별재고	1	2	3	4	5	6	7	8	9	10	11	12	13	14	15	16	17	18	19	20	21	22	23	24	25	26	27	28	29	30	31	월말재고
소 계																																			

월별 와인 입출고표

NO	와인명	월간입출고량				재고보관장소			판매부서				
		월별재고	입 고	출 고	월말재고	1	2	3	1	2	3	4	5
소 계													

빈티지

빈티지(Vintage)는 포도를 수확해 와인을 만든 해를 가리키는 말이다. 본래는 수확의 의미로 프랑스어로는 벙당주(Vendange)라고 하는데 프랑스에서는 와인의 수확 연도를 나타낼 때 이 말을 사용하지 않고, 연도라는 의미의 밀레짐(Millésime)을 사용한다. 특히 ○○해를 수확한 와인이라고 표시하고 싶을 때에는 레콜트(Récolte□□□□) 또는 아네(Année□□□□)라고 쓰는 경우도 있다.

영어로는 빈티지를 특별히 작황이 좋은 해를 의미하여 사용하기도 하며 빈티지 이어(Vintage Year)라고 한다. 이 말은 연도가 들어간 포트 와인이 특별히 잘된 해에만 생산할 수 있다는 것에서 나왔다고 한다. 같은 의미로 샴페인에도 사용한다.

여담으로 연도가 들어간 포트 와인은 아주 긴 세월을 저장해서 마시기 때문에 빈티지를 '따두기'라는 의미로 사용하는데, 이것은 홍차와 샘에도 통용되는 말이다. 이와 같이 빈티지라는 말은 여러 가지 뜻으로 사용되어지기 때문에 주의해야 한다.

와인 빈티지에 대해서는 지금까지 설명한 바와 같이 와인의 성격은 예를 들어 같은 밭에서 같은 생산자에 의해 만들어진 와인이라고 해도 매년 미묘한 차이가 나기 때문에 이것을 표시해 둘 필요가 있는 것이다. 이것을 좀더 자세히 설명하면 그 해의 기상 조건에 따라 당도와 산도의 차이가 있어 만들어진 와인도 미묘한 풍미의 차이가 난다.

거의 모든 균형이 잘 잡혀 진한 맛이 있는 해와 산이 많고 가벼운 해, 진하지만 산이 적은 해 등 여러 가지이다. 레드 와인의 경우 숙성에 의해 진정한 맛이 살아나는 타입의 와인은 그 해의 와인 성격에 따라 숙성이 진행되는 방법, 풍미가 지속되는 기간도 다르기 때문에 특히 빈티지는 중요하다.

또한 그 해의 작황이 와인의 가격에도 영향을 미쳐 유명한 포도원의 같은 와인이라도 수확한 해에 따라 차이가 있으므로 그 와인의 개성을 알기 위해서는 그 수확 연도를 알 필요가 있다. 따라서 수확한 해의 와인의 품질을 지방별로 분류해 일람표를 만들어 이용에 편의를 제공하는데, 이것을 빈티지 차트(Vintage Chart)라고 한다. 이 빈티지 차트는 제작하는 사람에 따라 약간의 차이가 있다. 동일한 제작자의 차트도 예측과 달리 숙성에 의해 변화하기도 한다. 다만, 이 빈티지 차트는 어디까지나 전체의 경향을 나타내는 것으로 표현상 우량인 해에도 품질이 떨어지는 와인은 존재하고, 흉년인 해에도 맛있는 와인이 있다. 또한, 그 생산지의 개성에 따라 명성을 얻은 유명 와인에는 이 빈티지에 중요한 의미가 있는 것이 사실이지만 일반적인 와인의 경우는 빈티지가 꼭 필요하다고 할 수는 없다. 그 이유는 합리적인 면에서 볼 때 산이 많으나 가벼운 맛인 해의 와인과 진한 맛이나 산이 너무 적은 해의 와인이 있다고 했을 때 각각 수확된 해의 연도로 제품화하는 것보다 블렌드하여 양자의 장점을 살려 결점을 보완하는 것이 훨씬 균형 잡힌 풍미의 와인을 만들 수 있기 때문이다. 이 경우는 빈티지를 표시할 수는 없으나 품질면에서는 빈티지가 있는 와인보다 못하지는 않다.

그러나 지방과 나라에 따른 전통적인 관습으로 단일 연도의 것만으로 와인을 생산하는 곳이 꽤 많다. 샴페인과 포트 와인은 논 빈티지(Non-vintage) 와인이 많이 만들어지고 있으나 최근 들어 포트 와인도 연도 표시가 없었던 와인에 빈티지의 표기가 늘어나고 있는 추세이다. 부르고뉴와 독일 와인의 경우는 거의 빈티지가 있다. 이것은 어느 쪽이 좋고 나쁘다고 할 수는 없다.

독일 와인의 수확량과 각 등급 비율

연도	와인 생산량 (1,000kL)	타펠바인 %	QbA %	QmP %
1971	603	3	43	55
1972	746	10	72	12
1973	1,037	3	57	40
1974	689	8	64	24
1975	902	3	44	53
1976	866	0	17	82
1977	1,039	10	76	14
1978	730	4	74	22
1979	833	4	43	54
1980	458	3	64	33
1981	716	2	60	38
1982	1,590	7	73	20
1983	1,304	2	44	54
1984	799	13	80	7
1985	540	0	40	60
1986	1,006	5	76	19

* 1989년 독일 상공회의소 집계 자료.

독일의 경우에는 프랑스와 달리 포도의 당도에 의해 등급이 매겨진다. 따라서 프랑스처럼 빈티지 차트는 그 의미가 크지 않다. 매년 타펠바인(Tafelwein), QbA, QmP의 비율을 표시해 둔다.

빈티지 가이드(Vintage Guide)

키포인트 : 90 ~ 100 : 매우 훌륭함(The Finest)
80 ~ 89 : 우수함(Above Average to Excellent)
70 ~ 79 : 좋음(Average)
60 ~ 69 : 불만족스러움(Below Average)
60 이하 : 좋지 않음(Poor)

Regions \ Vintage	1980	1981	1982	1983	1984	1985	1986	1987	1988	1989	1990	1991	1992	1993	1994
Bordeaux : St-Julien/Pauillac/St-Eatephe	78	85	98	86	72	92	94	82	87	97	98	75	79	86	90
Bordeaux : Margaux	79	82	86	95	68	86	90	76	85	85	90	74	75	86	85
Bordeaux : Graves	78	84	88	89	79	90	89	84	89	89	90	74	75	87	88
Bordeaux : Pommerol	79	86	96	90	65	88	87	85	89	95	95	60	82	88	92
Bordeaux : St-Emilion	72	82	94	89	69	87	88	74	88	88	98	65	75	84	87
Bordeaux : Sauternes/Barsac	85	85	75	88	70	85	94	70	98	90	96	70	70	70	78
Burdundy : Cote de Nuits, Red	84	72	82	85	78	87	74	85	86	87	92	86	78	87	79
Burdundy : Cote de Beaune, Red	78	74	80	78	70	87	72	79	86	88	90	72	82	86	78
Burdundy : White	75	86	88	85	80	89	90	79	82	92	87	70	92	72	89
Rhone : Cote Rotie/Hermitage	83	75	85	89	75	90	84	86	92	96	92	78	65	88	
Rhone : Chateauneuf du Pape	77	88	70	87	72	88	78	60	88	96	95	70	78	89	88
Beaujolais : Red	60	83	75	86	75	87	84	85	86	92	86	90	77	86	87
Alsace	80	86	82	93	75	88	82	83	86	93	93	75	85	87	93
Loire	72	82	84	84	68	88	87	82	88	92	90	75	80	86	87
Champagne	N.V.	84	90	84	N.V.	95	89	N.V.	88	90	93	N.V.	N.V.	N.V.	N.V.
Italy : Piemonte	70	80	92	75	65	92	78	85	90	96	96	76	74	86	85
Italy : Chianti	70	82	86	80	60	93	84	73	89	72	90	73	72	84	86
Germany	65	82	80	90	70	85	80	82	89	90	92	85	90	87	90
Vintage Port	84	N.V.	86	92	N.V.	95	N.V.	N.V.	N.V.	N.V.	N.V.	90	95	N.V.	?
Spain : Rioja	75	87	92	74	78	82	82	82	87	90	87	76	85	87	90
Spain : Penedes	85	84	87	85	86	85	77	88	87	88	87	74	82	87	90
Australia	88	85	83	76	84	86	90	87	85	88	88	89	87	87	88
California : Cabernet Sauvignon	87	85	86	76	92	92	90	90	75	84	94	94	93	91	95
California : Chardonnay	88	86	85	85	88	84	90	75	89	76	90	85	92	90	88
California : Zinfandel	82	82	80	78	88	88	87	90	82	83	91	91	90	90	90
California : Pinot Noir	85	83	84	85	85	86	84	86	87	05	86	86	88	88	96

* N.V. : Nonvintage

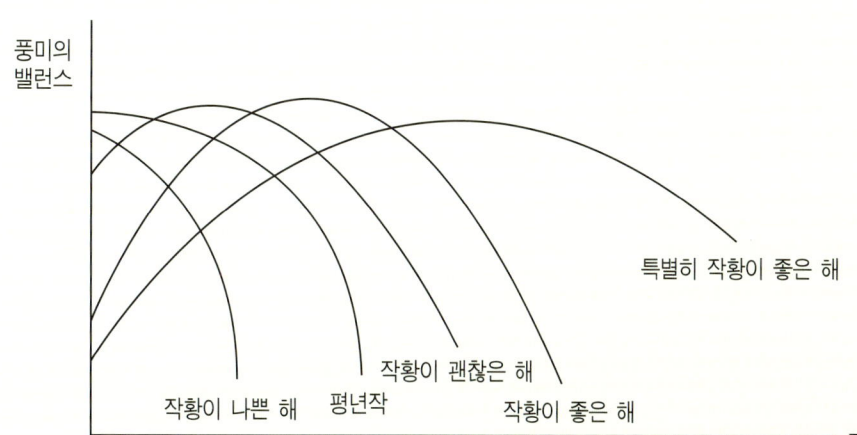

풍미의 밸런스

특별히 작황이 좋은 해

작황이 나쁜 해　평년작　작황이 괜찮은 해　작황이 좋은 해

저장년수

마리 앙트와네트의 샴페인

프랑스 혁명 때 단두대의 이슬로 사라져간 루이 16세의 왕비인 마리 앙트와네트.

그녀는 자신의 미모를 관리하기 위해 매일 조개모양의 욕조에 샴페인을 채워 목욕을 하였는데, 그녀의 옥 같은 살결을 더욱 빛나게 하고 젊음을 유지하였던 비결은 바로 샴페인 목욕 덕분이었다고 한다. 그녀의 미모는 연일 베르사이유 궁전으로 몰려드는 귀족들에 의해 더욱 알려지게 되었는데, 마리의 측근들은 욕조에서 넘치는 샴페인을 글라스에 받아서 건배하며 왕비의 미모를 칭송하였다고 한다.

와인 서비스

와인 서비스

소믈리에(Sommelier)가 하는 일은 손님이 만족하는 와인 서비스를 하는 것이다. 레스토랑은 분위기가 좋고 요리가 맛있는 곳이 좋으나 그 음식의 맛을 한층 더 돋우는 역할을 하는 것은 와인이다.

손님에게 항상 만족을 줄 수 있는 서비스 조건은 무엇일까?

첫째, 손님에게 호감을 주는 절도 있는 응대가 중요하다. 이렇게 하기 위해서는 서비스가 자연스럽게 이루어질 수 있도록 훈련해야 한다.

둘째, 권하는 와인을 손님이 맛있게 즐길 수 있도록 식사 분위기를 리드해 나갈 수 있어야 한다.

따라서 고객의 기대에 부응할 수 있도록 사전에 준비하여야 할 사항은 다음과 같다.

▶ 목적에 맞는 필요한 와인을 골라 진열해 놓는다.

▶ 구매와 저장을 적절히 관리해 품질이 낮은 와인을 손님에게 제공하지 않도록 한다.

▶ 맛, 가격, 개성, 마시는 시기, 요리와의 관계를 고려하여 손님이 좋아할 만한 와인을 권한다.

▶ 와인에 대한 손님의 느낌을 물어 다음 번에 참고하도록 한다.

▶ 손님이 업소에 대한 좋은 인상을 가질 수 있도록 세심한 관심을 지속적으로 보여 단골 손님이 되게 한다.

일반적으로는 손님의 기호를 고려하고 손님이 금전적 부담을 느끼지 않고 지불할 수 있는 금액의 범위 내에서 추천하는 것이 가장 좋다. 그리고 유명한 샤토의 와인에 대한 관심도가 사람마다 다르기 때문에 식탁에 어울리는 적당한 와인을 잘 선정하여 추천하여야 한다.

와인 애호가들은 대개 보수적이기 때문에 평상시 익숙해져 있는 와인을 고집하는 경향이 강하고, 특히 친숙하지 않은 와인에 대해서는 망설이는 경우가 많다. 따라서 와인에 대한 기호를 파악하여 좋아할 만한 타입의 새로운 와인을 권해보는 것도 새로운 경험을 선사하게 되는 것이다. 와인을 처음 접하는 사람은 드라이한 화이트 와인의 신맛과 레드 와인의 떫은맛에 저항감을 느끼는 일이 많다. 신맛은 단맛이 있으면 그 맛이 강하지 않기 때문에 와인을 처음 마시는 사람은 좀 단맛이 있는 와인이 맛있다고 하는 경우가 흔하다. 따라서 레드 와인보다는 화이트 와인이 친숙해지기 쉽다.

마시기 쉽고 맛있다고 느끼는 와인부터 마시는 것이 와인과 친숙해지는 지름길이다.

우리 나라처럼 와인이 이제 대중화되기 시작하는 나라에서는 와인에 대한 조언을 할 수 있는 전문가가 손님의 기호를 확실하게 파악하여 요리와 와인의 조화 등을 고려하여 맛있게 마실 수 있는 와인을 능숙하게 권할 수 있어야 한다.

요리와 와인 사이에는 궁합이 있다. 요리와 맞는 와인으로 식사를 즐기는 것은 다른 술에서 느낄 수 없는 즐거움이다. 그러나 이것은 마시는 사람이 와인을 맛있게 마실 수 있을 때 얻는 즐거움이다. 그리고 이와 같은 즐거움은 지식이 아닌 경험의 축적에 의해 얻어지는 것이다. 따라서 소믈리에는 와인에 대한 지식과 더불어 요리에 대한 지식도 풍부하지 않으면 안 된다. 또한 와인의 가격, 고객의 기호와 유명 와인에 대한 관심도를 자세히 관찰하여 만족할 수 있는 서비스를 하는 것도 필요하다. 손님이 식사를 마치고 나갈 때 그 날의 인상을 묻는 것도 다음 번에 참고할 사항으로서 중요하다.

와인 시음의 온도

술맛은 그 술을 마실 때의 온도와 관계가 있다. 와인은 그 종류가 많아서 타입에 따라 맛있게 마실 수 있는 온도가 다르다. 독일의 그루바인(Gluhwein)과 같이 향초로 향을 내고 단맛을 더해 따뜻하게 마시는 와인도 있는데 이것은 예외적인 경우이고, 일반적으로 7~20℃ 정도가 와인을 마시는 온도이다. 와인을 마시는 적정온도는 다음과 같은 요인에 의해 좌우된다.

▶ 차가운 온도는 입 안에서 상쾌한 자극을 준다.
▶ 너무 차가우면 와인의 풍미를 느낄 수 없고, 너무 온도가 높아도 전체의 균형이 깨진다. 7~20℃의 범위가 가장 적당한 온도이다.
▶ 스위트한 와인은 적정온도 범위 내에서 온도가 낮을수록 느낌이 저하된다.
▶ 신맛은 온도의 영향을 거의 받지 않는다.
▶ 쓴맛은 온도가 올라감에 따라 느낌이 저하된다.
▶ 향은 온도가 높을수록 많이 발산된다.

이상의 요소가 미묘하게 연관되어 브리딩(Breathing)을 중요시하는 숙성시킨 레드 와인은 16~18℃, 신선함을 즐기는 가벼운 레드 와인은 12~14℃, 드라이한 맛이 약한 로제 와인이나 화이트 와인은 8~10℃, 단맛이 강한 화이트 와인과 탄산을 포함한 스파클링 와인은 7~8℃가 와인을 마시는 적정온도이다. 그러나 단맛의 화이트 와인이라 해도 탁월한 귀부 와인과 같이 향을 충분히 즐기고자 하는 와인은 10~12℃가 가장 좋은 경우도 있다. 이것은 어디까지나 일반적인 수치이므로 개인적인 취향과 와인의 숙성도 등에 따라서 다르다는 것을 염두에 두어야 한다.

와인 서비스 순서

레스토랑에서 소믈리에의 와인 서비스는 그 지역의 습관, 소믈리에의 개성에 따라 약간씩 다르다. 규정된 법칙은 없으나 일반적으로 소믈리에의 일을 단계별로 다음과 같이 요약할 수 있다.

1. 손님이 자리에 앉으면 즉시 다가가 식전주를 주문 받는다.

소믈리에는 서비스할 때 웨이터와 달리 좌측이 아니라 가능한 한 손님의 우측에서 해야 한다.

2. 요리의 주문이 끝난 직후 손님에게 다가가 와인 리스트를 제공한다.

3. 잠시 시간을 두고 주문 요리를 기억한 뒤 와인 주문을 받는다. 이 때 요리와의 관계와 와인의 성격 등 손님의 질문에 대답하면서 손님의 취향에 맞는 와인을 골라 적절한 가격의 와인을 추천한다.

소믈리에는 평소에 요리와 와인의 조화에 대해 공부해두지 않으면 안 된다. 그리고 손님의 질문에 즉시 응대할 수 있도록 준비가 되어 있어야 하고, 일반적인 개념에 너무 치우치지 말고 상대의 취향을 잘 관찰하여 기대를 충족시켜 줄 수 있어야 한다.

와인은 다른 술에 비해 가격이 비싼 편이므로 손님이 큰 부담을 느끼지 않으면서 지불할 수 있는 가격대를 잘 파악하는 것이 중요하다. 비싸다라는 인상을 받으면 다시 찾아오는 기회도 줄어든다.

4. 와인 쿨러, 글라스 등은 와인을 서비스하기 전에 준비한다. 정통 프랑스식의 경우 글라스는 고블렛만 세팅해 놓고 화이트 와인의 주문이 있으면 화이트 와인 글라스를 세팅하고 고블렛은 치우는 경우가 많다. 미네랄 워터를 주문받은 경우에는 고블렛을 그대로 둔다.

5. 주문한 화이트 와인을 디셀러(Decellar)에서 꺼내 손님에게 라벨을 보이고 주문한 와인을 확인시킨 뒤 코르크를 딴다.

6. 호스트가 테스트^{주)}를 하고 난 후 와인을 서비스한다.

7. 여성 손님부터 서비스를 시작해 마지막에 호스트에게 서비스를 한다. 글라스에 따르는 와인의 양은 일반적으로 글라스의 반이 표준이다.

8. 레드 와인도 먼저 호스트에게 확인시킨 후 신속하게 코르크를 따서 놓는다.

9. 손님의 잔이 비지 않도록 주의해서 따른다.

10. 와인을 바꿀 경우는 글라스도 바꾼다

11. 디캔트(Decant)가 필요한 와인의 경우는 화이트 와인을 서비스하는 동안에 디캔팅(Decanting)을 한다.

12. 요리가 나올 시간을 고려해 레드 와인 글라스를 테이블에 세팅하고, 호스트가 테스트한 후 화이트 와인과 같은 순서로 서비스한다.

13. 레드 와인을 서비스한 후 적절한 시기를 보아 화이트 와인 글라스를 치운다.

14. 적당한 때를 보아 고블렛에 물을 따른다. 이 때 물이 무료일 때는 상관없지만 유료일 때는 추가 주문을 받은 후 따른다.

15. 디저트 커피가 끝나면 식후주를 권한다.

주)호스트 테스트

레스토랑에서 손님이 주문한 와인의 맛을 확인시키는 호스트 테스트는 와인 특유의 서비스이다.

왜 이런 번거로운 작업을 하는가?

역사적인 배경에 관해서는 여러 가지 생각할 수 있지만, 오늘날은 와인의 풍미가 천차만별이라 주인이 초대한 손님에게 품질이 낮은 와인을 내놓지 않기 위해서 와인의 품질을 확인하는 의미가 크다.

호스트 테스트는 병을 딴 후 와인을 먼저 호스트 잔에 조금 따라 와인의 이상 여부를 확인하는 것인데, 레스토랑에 따라서는 소믈리에가 먼저 타스트 뱅으로 와인의 이상 여부를 확인해 호스트에게 한 번 더 확인시키는 경우도 있다. 어느 것이 더 좋다고 할 수 없고 업소 나름대로 룰을 정하면 되는데, 아주 오래된 와인의 경우에는 소믈리에가 먼저 이상 여부를 확인한다는 의미가 있다. 일상적으로 잘 팔리는 와인의 경우는 소믈리에가 다시 테스트할 필요가 없다. 호스트 테스트는 주문한 와인의 이상 유무를 확인하고 마시기 때문에 주문한 와인이 입맛에 맞지 않는다고 거절할 수는 없다. 이 경우는 마시고 안 마시고에 관계 없이 주문한 와인은 돈을 지불해야 한다.

따라서 소믈리에는 제2의 주문자 입장에 서서 와인을 설명할 때는 호스트가 알아서 주문할 것인가 어떻게 할 것인가를 확인해 와인의 맛과 취향을 알리는 노력을 해야 한다.

와인 오픈

와인은 코르크 스크루를 사용해서 오픈하게 되는데, 코르크를 뺄 때 익숙하지 않으면 실패할 염려가 있으므로 많은 연습이 필요하다.

와인을 오픈하는 방법에는 와인병을 테이블 위에 바로 세워둔 채 따는 경우, 와인 쿨러 안에서 따는 경우, 와인 바스켓 (Paniér)에서 따는 경우 등이 있다.

테이블 위에서 따는 경우

1. 나이프로 캡슐을 자른다. 이 때 병주둥이 약 10mm 밑의 두껍게 처리된 부분 아래에 칼날을 대고 자른다. 코르크와 캡슐의 내부가 오염되어 있는 경우가 많으므로 와인을 따를 때 오염 물질이 글라스 속에 들어가지 않도록 주둥이 밑을 자르는 것이 좋다.

칼집를 낼 때는 병을 돌리지 말고 칼날을 돌려 내도록 한다.

그리고 나이프로 자른 캡슐 부분을 위로 밀어 올린다.

잘라낸 캡슐은 주머니에 넣는다.

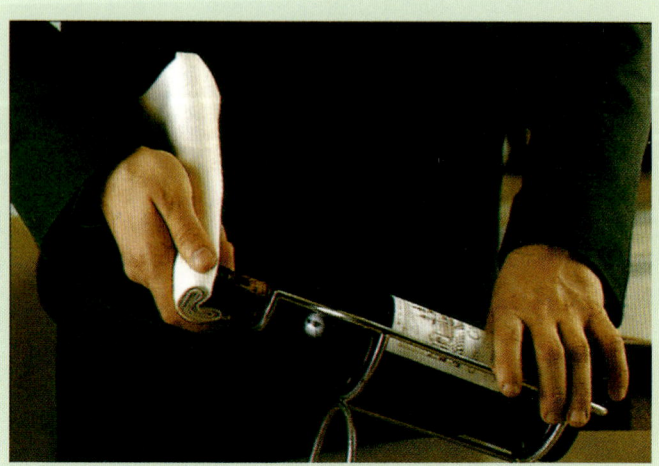

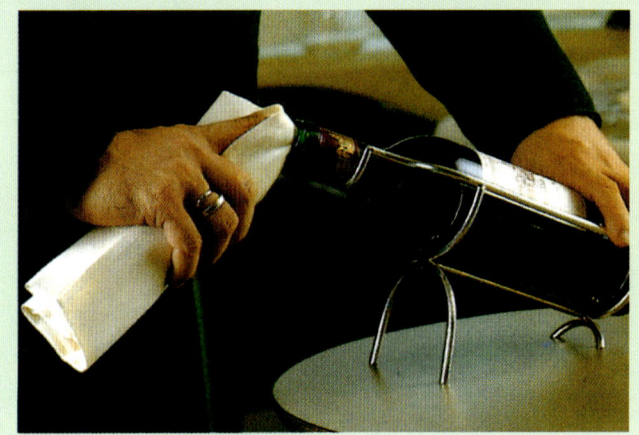

2. 병주둥이를 부드러운 천으로 닦는다. 코르크 스크루에는 여러 가지 형태가 있으나 여기에서는 소믈리에가 주로 사용하는 지렛대식 코르크 스크루로 병 따는 법을 설명한다.

코르크 스크루는 코르크의 중심에 똑바로 넣고 돌린다. 코르크는 단단하지만 한 번 찌부러지면 약해지기 때문에 스크루를 똑바로 넣는 것이 중요하다. 코르크의 길이는 35~55mm 정도로 길이도 다양하다. 따라서 주의해서 한 번에 충분한 깊이까지 넣어 조금 뽑아 올리고, 다시 한 번 주의해서 좀더 깊게 넣어 완전히 뽑아 낸다. 코르크가 충분한 깊이까지 들어가지 않으면 도중에 끊어지기도 하므로 긴 코르크의 경우 병을 따는 도중에 다시 한 번 깊게 돌려넣어 안전하게 뽑아 올리는 것이 좋은 방법이다.

3. 지렛대 부분을 병주둥이에 대고 미끄러지지 않도록 왼손의 검지로 막으면서 천천히 들어올려 코르크를 뽑아낸다. 이때 주의할 점은 처음에는 천천히 뽑아 올려 코르크에 급격한 무리가 가지 않도록 해야 한다. 또한 지렛대의 힘만 이용해 코르크를 뽑아 올리면 코르크가 휘어져 끊어질 수 있기 때문에 미리 코르크를 어느 정도 뽑아 올린 다음 약 10mm 정도가 되면 손으로 살짝 뽑아내는 것이 안전하다. 만약 코르크를 세게 뽑아내게 되면 병 속의 와인이 튀어 옷을 버릴 위험이 있기 때문이다.

뽑아낸 코르크는 스크루에서 뽑아내어 와인과 접촉했던 부분의 향을 맡아 이상 여부를 확인한다. 병 주둥이는 깨끗한 젖은 천으로 잘 닦는다. 뽑아낸 코르크는 호스트 앞에 놓고 이상 여부를 확인시킨다.

여러 가지 코르크 스크루

코르크를 뽑아내는 작업은 익숙하지 않으면 실패할 경우가 많다. 오랜 옛날부터 여러 가지 형태의 코르크 스크루가 있었는데 오늘날에는 디자인의 발달로 기능과 모양이 더욱 다양해졌다. 코르크 스크루를 모으는 것은 -- 지극히 간단한 도구를 만드는 일이나 장인 정신으로 오랜 세월 동안 새로운 것을 개발하고 몇 세기를 대물림한 사람들의 역사를 가지고 있어 -- 그 나름대로 재미있다. 와인의 역사만큼이나 와인 액세서리도 세월이 흐르면서 다양화, 고급화되었다.

각 코르크 스크루의 장점

① 가격도 싸며, 가장 많이 쓰인다. 코르크 중심에 똑바로 넣는 것만을 정확히 하면 실패도 적다. 다만, 코르크를 뽑아낼 때 왼손으로 병목을 잡고 지탱하면서 오른손으로 힘주어 빼도록 되어 있으나 자칫 세게 뽑으면 와인이 튀어 옷을 버릴 위험이 있다. 가장 힘이 안 드는 타입의 와인을 준비해 놓는 것이 좋다.

② 프로용 지렛대식 코르크 스크루이다. 프로는 거의 모든 타입을 사용한다. 지렛대의 힘을 이용하기 때문에 비교적 힘이 적게 든다. 그러나 익숙하지 않으면 지렛대의 힘으로 코르크를 부러뜨리기가 쉽고 ①보다 실패하기 쉽다. 하지만 익숙해지면 ①보다 사용이 훨씬 편리하다.

③ 지렛대식의 아마추어용 코르크 스크루로 병주둥이에 대고 코르크 중앙에 왼쪽으로 돌려 넣으면 실패 없이 코르크를 뽑아낼 수 있다. 충분히 돌려 넣은 후 좌우의 올라간 핸들을 양손으로 누르면 코르크가 쉽게 뽑힌다.

④ 미국에서 개발된 코르크 스크루로 플라스틱 틀을 와인병 위에 놓고 위에서 스크루를 끼워 핸들을 돌리면 자연스럽게 코르크가 빠진다. 스크루는 특수코팅 처리된 단단한 금속소재로 만들어지므로 녹슬 염려는 없다.

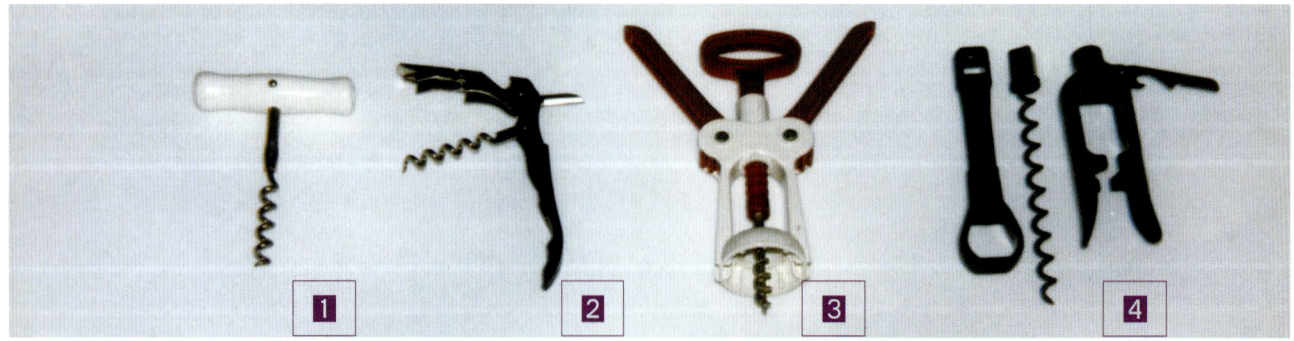

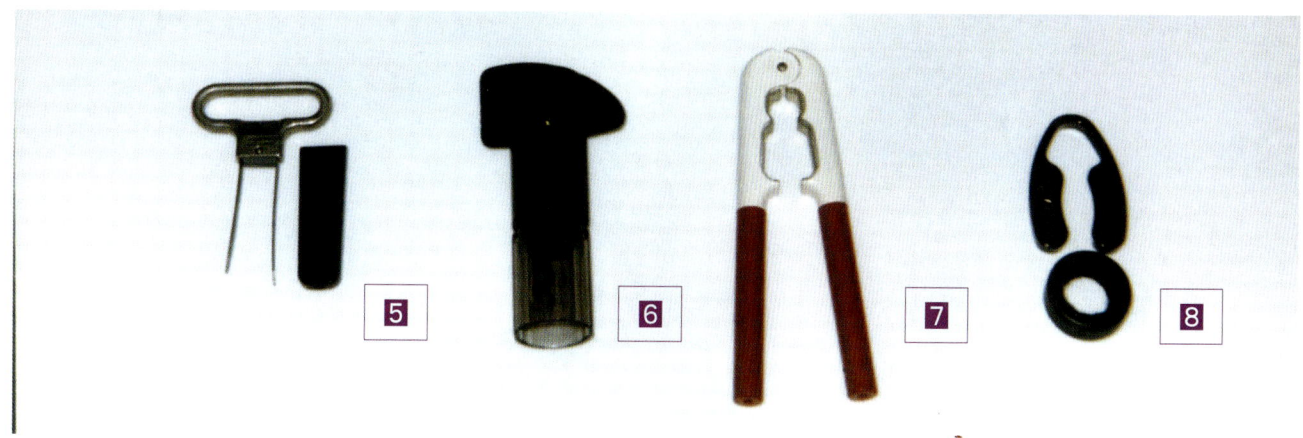

⑤ 코르크와 병 사이에 금속제 발을 넣어 좌우로 기울이면 오프너가 병 속으로 들어가게 된다. 충분히 들어갔을 때 돌리면서 위로 잡아당기면 코르크와 함께 빠진다. 그러나 코르크가 헐거우면 병 속으로 빠질 염려가 있다.

⑥ 더블 액션식 코르크 스크루로 손잡이를 돌려 코르크에 스크루를 넣는다. 병 입구를 덮고 있던 보조 덮개가 힘을 받기 시작하면 자연스럽게 스크루가 코르크를 들어올린다. 아마추어에게 가장 권장할 만한 안전한 코르크 스크루이다.

⑦ 샴페인 등의 스파클링 와인의 코르크가 단단해 손으로 빼기 어려울 때 사용하는 보조 장비이다..

⑧ 미국에서 개발된 병 캡슐 제거 기구와 연회장 등의 대규모 행사를 진행할 때 한꺼번에 많은 와인을 따라야 할 때 와인이 흘러내리지 않도록 병에 끼워서 사용하는 기구이다.

적포도주 오픈

화이트 와인의 경우는 오픈해 바로 따라도 좋지만 레드 와인은 1~2시간 전에 오픈해 두는 것이 맛있게 마실 수 있다고 한다. 이탈리아의 유명한 레드 와인은 적어도 마시기 12시간 전에 오픈을 하고, 특별한 경우는 24시간 전에 하는 경우도 있다. 그러나 어떤 와인은 개봉 후 맛의 변화가 빨라 다음 날까지 두면 맛이 변해 그 날 모두 마셔야 하는 것도 있다.

그렇다면 와인의 본질적인 특성은 어떨까?

와인은 산소의 흡수가 아주 빠르고 흡수된 산소에 의해 산화와 그 밖의 변화가 일어나는 것은 확실하다. 또한, 장기간 숙성시킨 레드 와인은 오픈 때 조금 바뀐 향이 나는 경우도 있다. 따라서 마시기 조금 전에 오픈하는 것에는 누구도 이론을 제기하는 경우는 없는 듯하다. 이것이 마시기 1시간 전이 좋은지 더 오랜 시간이 좋은지는 어려운 이야기이다.

오픈 후 와인 맛의 변화에 산소가 관계하는 것은 직접적인 화학 변화보다 병 안에 들어 있는 박테리아 등의 미생물에 의한 변화가 크다고 볼 수 있다. 이 미생물들은 산소가 없는 병 속에서 용존해 있었으나 오픈한 후 공기와 접촉하면 맹렬히 활동을 개시해 작산 에틸 등이 에스테르를 만들기도 한다. 이 때문에 영 와인은 오픈 후 수일까지 놓아두어도 그다지 맛의 변화가 없으나 장기간 숙성시킨 와인은 다음날까지 두게 되면 화사한 향이나 균형이 눈에 띄게 나빠진다. 특히 생산된 지 얼마 안 된 영 와인으로 단기간에 소비하는 레드 와인은 마시기 15분 전에 오픈하는 것으로도 충분하다는 것이 전문가들의 지배적인 의견이다.

바롤로나 부르넬로 디 몬탈치노의 일부 생산자들이 말하였듯이 마시기 12시간 전에 와인을 오픈한다는 것은 오픈하기 전의 와인의 균형이 좋지 않다는 것을 의미하는지 몰라도 그다지 현실성이 없어 보인다.

샴페인 오픈

샴페인을 오픈할 때에는 압력 때문에 코르크가 튀어나가지 않도록 신경을 써야 한다. 결혼식장이나 운동 경기에서의 우승 등에서는 마개를 터뜨리기도 하지만, 이것은 샴페인 오픈의 좋은 방법이 아니다. 특히 레스토랑 같은 곳에서는 조용히 소리가 나지 않도록 오픈해야 한다.

샴페인을 오픈하는 가장 좋은 방법

1. 병목 밑부분에 나이프를 넣어 병을 싸고 있는 금박을 뜯어낸 다음 윗방향으로 떼어낸다.

2. 천을 코르크 위에 걸쳐 왼손 엄지손가락으로 누르고 천의 끝은 엄지손가락 위로 접어 다른 네 손가락으로 병을 누른다. 오른손으로 철사를 느슨하게 늦추어 뺀다. 이때 코르크가 튀어 나가지 않도록 왼손 엄지손가락으로 힘을 주어 누른다.

3. 왼손 엄지손가락은 그대로 유지하면서 검지로 코르크를 꽉 잡고, 오른손은 병의 밑동을 꽉 잡는다. 이 때 병은 오픈했을 때 넘치지 않도록 30도 정도 기울이고 방향은 사람이 없는 쪽으로 향한다. 고객 방향으로 향해서는 절대로 안 된다.

4. 천천히 오른손으로 병을 돌리면 자연스럽게 코르크가 빠지면서 튀어나가지 않도록 왼손으로 꽉 누른다. 오른손으로 병을 돌리는 것이 왼손으로 코르크를 돌리는 것보다 힘이 덜 든다.

5. 코르크가 거의 빠질 때쯤 코르크의 머리 부분을 조금 기울여 탄산가스를 빼내면 코르크를 딸 때 소리가 나지 않는다.

6. 조용히 소리를 내지 않도록 연다.

7. 샴페인의 경우 호스트가 테스트를 안하는 것이 보통이다(물론, 해도 상관은 없다).

8. 글라스에 거품이 넘치지 않도록 두세 번에 걸쳐 나누어 따른다. 글라스는 튤립형 글라스가 좋다.

9. 만일 샴페인 마개가 딱딱해 빠지지 않는 경우에는 앞에서 설명한 기구를 코르크에 끼워 돌려 움직이면 손으로 뺀다.

와인 글라스

와인은 아름다운 색의 술이기 때문에 마시는 글라스로 와인의 색을 감상할 수 있다. 와인 양조 기술이 발전하지 못했을 때는 탁한 색을 감추려고 색깔이 있는 글라스를 많이 사용하였으나 오늘날에는 거의 모든 경우에 무색의 글라스를 사용하고 있다.

또한, 글라스의 모양도 지방에 따라 전통적인 독특한 형태의 글라스가 있어 그 지역의 와인을 마실 때는 그 지역의 글라스로 마신다.

그러나 현실적으로 업소에서는 글라스의 관리와 실용성을 고려하여 만능형 글라스나 메이커에서 디자인한 단순한 글라스를 사용하고 있다.

글라스를 선택하는 기본적인 조건

① 무색의 투명한 글라스이어야 한다.

② 중량감이 있고 입술이 닿는 부분이 얇은 크리스털 글라스가 좋다.

③ 화이트 와인보다 레드 와인이 큰 잔을 사용한다.

④ 화이트 와인에는 지름 6cm정도, 용량 180~200mL

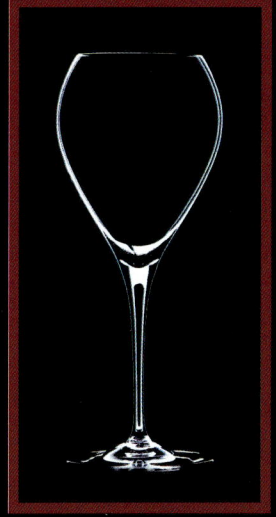

정도가 적당하다.

　⑤ 레드 와인에는 지름 4cm정도, 용량 270~300mL 정도가 적당하다.

　⑥ 스파클링 와인에는 지름 5cm정도, 용량 180~200mL의 긴 글라스가 좋다.

　⑦ 셰리, 포트 등의 글라스는 지름 4cm정도, 용량 120~150mL가 적당하다.

　⑧ 글라스 윗부분은 안쪽에 약간의 볼륨이 있어서 향이 잔에 남도록 되어 있어야 한다.

　샴페인 잔은 일반적으로 널리 사용되는 소서형의 얇고 넓은 잔은 거품과 향을 즐길 수 없기 때문에 건배용 외에는 별로 권할 만한 것이 못 된다.

　테스팅용 잔은 셰리잔을 크게 만든 형태로 지름 46mm에 용량이 200mL의 글라스로 아랫부분이 부풀어 있는 형이 좋다.

　이와 같이 큰 잔에 적은 양의 와인을 따르는 것이 향을 즐기는데 좋기 때문에 화이트 와인은 글라스의 1/2이 적량이고 레드 와인은 조금 더 적은 양이 적량이다. 테스팅용은 1/4 내지 1/5 정도 양이면 충분하다.

와인 쿨러와 소도구

와인 바스켓(Paniér)

레드 와인을 오래 저장하면 침전물이 생기는 것은 어쩔수 없다. 따라서 셀러에 와인을 뉘어 놓으면 밑부분에 침전물이 가라앉는다. 이것을 레스토랑의 디셀러로 운반할때에도 침전물이 흔들리지 않도록 주의하지 않으면 안 된다. 이 때 사용하는 도구는 파니에(Paniér) 또는 와인 바스켓(Wine Basket)이라 불리는 바구니로 옛날에는 짚으로만들었으나, 식탁 위에 올려놓고 사용하기 때문에 오늘날에는 은과 같은 고급 재질을 사용해 다양한 디자인으로만든다.

와인 쿨러(Wine Cooler)

와인은 차게 마시는 것이 많아 와인 쿨러가 필요하다. 일반적으로 스테인리스제가 많은데, 크기는 와인병의 목이 나올 정도의 깊이이어야 한다. 물과 얼음을 병의 어깨부분까지 넣어 차갑게 한다. 링이 부착되어 있으면 타월을 끼울 수 있어서 편리하다.

카라프(Carafe)

카라프라는 것은 '물병'이라는 의미의 불어이다. 영어로는 디캔터(Decanter)라고 한다. 병이나 오크 통에서 와인을 따라 손님에게 서비스할 때 사용하는 기구이다. 일반적으로 무색 투명한 약간 넓은 유리제 용기나 크리스털제품이 주로 사용된다. 용량도 목적에 따라 250, 360, 500, 1000mL로 다양하며 때로는 도자기도 사용된다.

소믈리에가 디캔팅하고 있는 모습.

디캔팅(Decanting)

침전물이 많은 장기 숙성의 레드 와인을 마시기 전에 침전물을 제거하지 않으면 안 된다. 이러한 작업을 디캔팅(Decanting)이라 한다.

디캔팅은 영국에서 처음 빈티지 포트의 침전물을 숨기기 위하여 식탁에 내놓을 때 창피하지 않도록 화려하게 장식된 디캔터에 포트를 담아 내놓은 것에서 유래되었다.

오늘날의 디캔터는 가장 심플한 디자인의 크리스털이 가장 많이 사용된다. 장식용으로는 중량감이 있는 것이 인기가 있지만, 무게가 너무 무거우면 디캔팅할 때 힘드므로 적당한 무게가 좋다.

디캔팅은 파니에(Panier)로 운반한 레드 와인을 호스트가 테스트를 거친 후 사이드 테이블에 놓으면 파니에에 담긴 채로 캡슐을 제거하고, 와인이 흔들리지 않도록 가만히 코르크를 오픈하는 순으로 진행한다.

오픈시 코르크를 빼냈을 때 와인이 테이블에 흐르지 않도록 주의하고, 파니에의 앞부분이 낮을 때는 그 밑에 작은 접시를 놓거나 냅킨을 접어 깔아 병 목부분을 높인다.

또한 코르크를 뽑는 마지막 단계에서는 손으로 조심스럽게 빼낸다. 이 때 코르크를 빼내려고 갑자기 힘을 주게 되면 와인이 튀어 와인이 낭비되거나 옷을 버릴 우려가 있다.

디캔팅할 때는 병목 부분에 빛을 쬐어 와인의 침전물이 통과하지 않도록 해야 한다. 빛으로는 촛불이 많이 사용되나 정원과 같은 바람이 부는 장소에서는 회전등을 이용하는 것도 좋은 방법이다. 디캔팅을 하기 전에 소믈리에가 미리 테스트하는 것도 오래된 와인을 디캔팅할 때는 127

자주 이루어진다.

라벨을 위로 향한 채 오른손으로 와인병을 조심스럽게 들고 왼손으로 디캔터의 목부분을 쥐고 빛이 와인을 통해 눈에 들어오는 위치에서 디캔터로 천천히 따른다. 침전물이 병 밑에서 병 목 부분에 이르면 디캔팅을 멈춘다.

디캔팅이 끝난 후 병과 코르크는 호스트가 확인할 수 있는 위치에 놓는 것이 일반적이다.

보르도의 레드 와인과 같이 침전물이 생기는 와인은 일반적으로 디캔팅을 하지만 부르고뉴에서는 오랫동안 숙성시켜도 침전물이 생기는 경우가 적기 때문에 파티에서는 사용하지만, 특별한 경우를 제외하고는 디캔팅하지 않는 것이 관습이다. 그러나 상류층에서는 병째 식탁에 놓는 것을 싫어하는 경우도 있고 공기와 접촉시켜 불쾌한 향을 없애기 위해서 디캔터에 따르는 경우도 있다. 디캔팅은 고정관념상 이루어지는 것이 아니고, 다양한 사정을 고려해 필요에 따라 방법을 강구하는 것이 좋을 것이다.

타스트 뱅(Tastevin)

타스트 뱅^{주)}은 소믈리에가 목에 걸고 다니는 테스팅용 금속접시로 프랑스의 부르고뉴에서 발달한 것이다. 본래 발음은 타트 뱅이지만 은으로 만든 접시는 타스트 뱅이라 발음하는 경우가 많다.

타스트 뱅 접시의 역사는 아주 오래되어서 원형은 기원 전 기록에서 볼 수 있으나, 부르고뉴에서 독특하게 발달해 오늘날의 형태가 되었다. 유리로 된 것도 있으나 실제로 사용되는 것은 거의 없고 주로 장식용으로 만들어진다. 타스트 뱅은 휴대하기가 간편하고 적은 양으로 테스팅할 수 있어서 부르고뉴의 와인 생산자와 일부 소믈리에들이 애용하고 있다. 그러나 소믈리에에게 있어서는 전반적으로 실용적인 의미보다 상징적인 의미가 강하다고 할 수 있다.

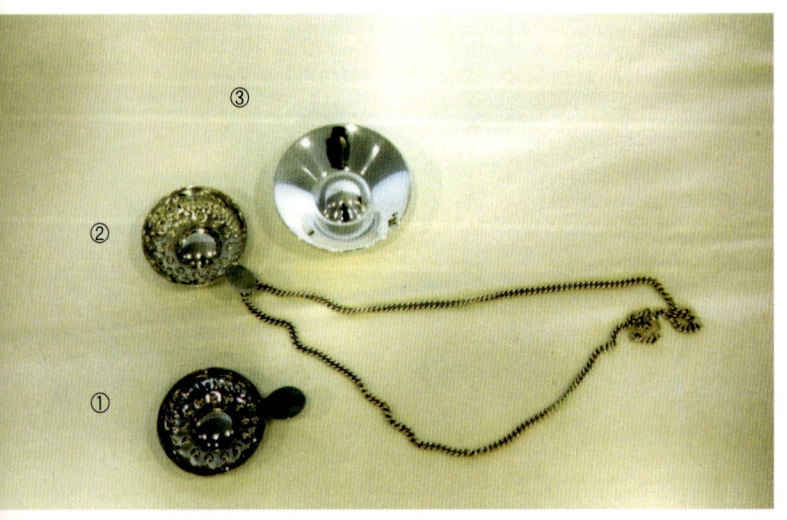

주)
프랑스 고어로 타트 뱅(Tate-vin)이었다. 이것은 위의 테스팅용 접시에 오크 통에서 꺼낸 와인에 핀셋을 꽂아 놓았는데, 이 접시가 타스트 뱅이라 불리는 것은 영어의 영향으로 추측된다.
접시에는 두 개의 모양이 있는데 동그란 모양은 레드 와인의 색을 보기 위한 것이고, 파도 같은 모양은 화이트 와인의 색을 보기 위한 것이다.

① 전형적인 타스트 뱅의 형태로 가장 일반적으로 널리 쓰이는 타입이다.
② ①과 같은 것이다. 은으로 만든 좀더 고급화된 타스트 뱅으로 보통 소믈리에들이 은제 목걸이줄을 목에 걸고 근무한다.
③ 최근에 개발된 것으로 샴페인과 소테른 와인용 타스트 뱅이다.

와인의 시음

여러 가지 와인 시음법

와인 테스팅의 기준과 순서

와인과 색

와인의 향

와인의 맛

와인 시음의 용어

와인 평가표

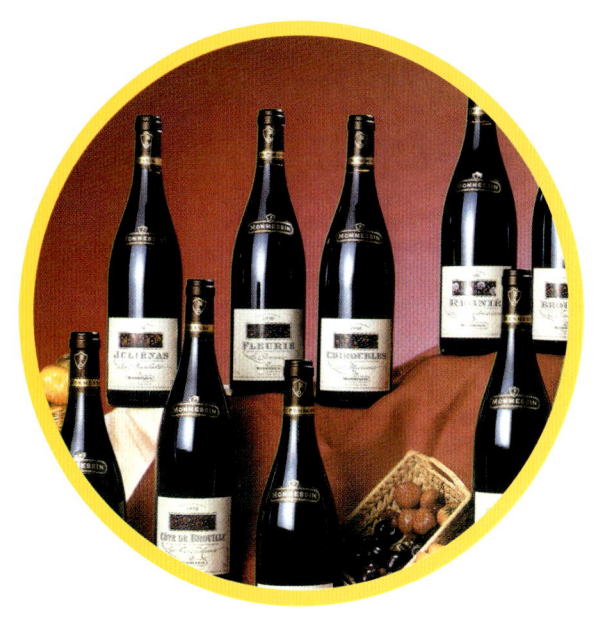

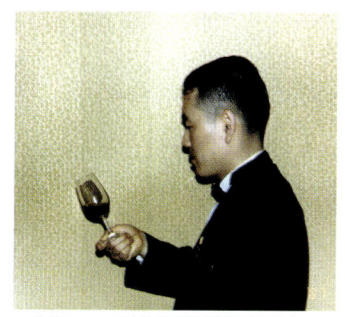

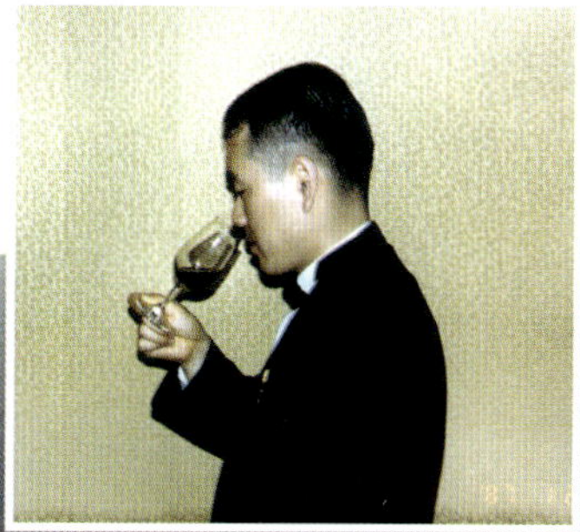

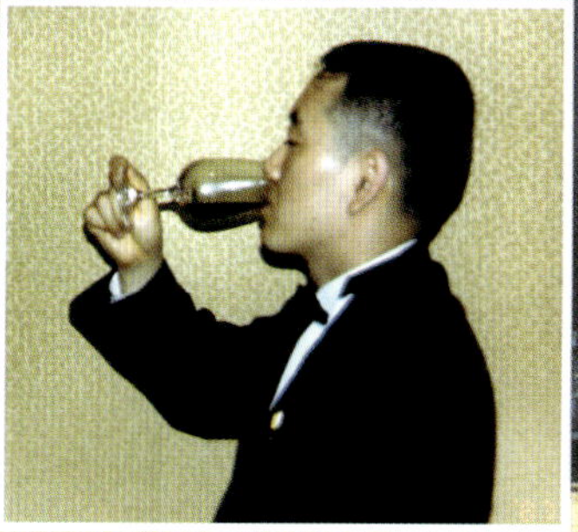

여러 가지 와인 시음법

와인을 마시는 방법에는 목적에 따라 여러 가지 방법이 있다.

1. 가볍게 와인을 마시는 사람의 경우

테스팅과 수정이 필요 없다. 자신의 입맛에 맞는 와인을 고르려면 여러 타입의 와인을 많이 마셔 본다. 그러다 보면 자연스럽게 맛있게 마실 수 있는 와인의 폭이 넓어진다.

또한 와인을 마시는 법은 반드시 이 순서에 따라야 한다고 고집부릴 필요는 없다. 우리 나라에서는 너무 정석을 따지는 경향이 있다.

2. 여러 가지 와인의 개성을 즐기는 아마추어 와인 애호가의 경우

와인을 좋아하는 아마추어 와인 애호가의 경우에는 여러 가지 와인을 각자의 기호대로 즐긴다. 따라서 와인의 색, 향, 맛에 주의해 가능한 한 기억해 두어야 한다. 유명 와인의 맛을 즐기는 것도 이 경우는 어디까지나 그 사람 자신의 주관적인 취향에 맞으면 좋은 것이다.

3. 여러 가지 성격의 와인을 가지고 고객에게 권하는 프로 소믈리에와 주류 판매업자의 경우

소믈리에와 주류 판매업자의 경우는 가장 객관적이어야 한다. 여러 나라와 지방, 생산자의 와인의 개성을 익히고, 가격, 맛, 지명도 등 여러 가지 요소로부터 고객에게 맞는 와인을 조언할 기본적인 자료를 자신의 것으로 만들어 놓을 필요가 있다.

4. 여러 생산자가 만든 그 지역 특성을 가진 와인을 선별하여 병입하는 와인상의 경우

와인상의 경우는 그 산지의 개성을 확실히 파악한 후에 많은 생산자들의 와인 중에서 적당한 것을 골라내는 것이다.

5. 와인을 생산하는 양조 기술자의 경우

와인을 생산하는 양조 기술자의 경우 와인 테스팅을 통해 그 와인에 포함되어 있는 성분의 종류와 양도 염두에 두고, 장점과 단점을 감지해 풍미가 균형잡힌 제품을 만드는 기초자료로 삼는 것이다. 따라서 분석적인 테스팅이 되어야 한다.

이와 같이 각자의 목적에 따라 와인 시음법도 달라지는데 와인의 개성을 알기 위한 세 가지 요소는 색, 향기, 맛이다. 각각의 요소는 그 와인의 종류에 맞는 기준을 염두에 두고 평가하는데, 이것이 관능 검사이다. 본격적인 관능 검사는 충분히 훈련되어 안정된 감정능력을 지니고 있지 않으면 신뢰할 수 있는 데이터를 얻을 수 없다.

자신이 좋아하는 와인을 고를 때에도 좋고 싫은 것만으로는 부족하고 객관적으로 그 와인이 가지는 기본적인 특성과 비교하는 것이 중요한데, 와인과 같이 종류가 많은 경우에는 그 기준 자체가 매우 다양하다. 따라서 각 와인의 기준에 대한 충분한 지식과 경험이 없으면 안 된다.

또한, 와인은 다른 술과 달리 유명한 포도원에 대한 평판과 품격에 큰 차이가 있다. 그 지식이 와인의 평가에 심리적인 영향을 미치는 바도 크다. 더욱이 많은 와인을 동시에 테스트할 경우에는 무의식적으로 그 순번에 좌우되는 것은 널리 알려진 일이다.

같은 타입의 여러 와인을 비교할 때는 점수법이 편리하다. 독일의 경우 QbA 등급 이상은 점수법에 의한 최저 합격점을 정한다. 그러나 여기서 주의해야 할 것은 완전히 다른 타입의 와인을 단순히 점수로 비교해서 우열을 가리는 것은 아무 의미가 없다. 그 와인의 타입에 맞는 명확한 기준을 바탕으로 비교해야 한다.

와인 테스팅의 기준과 순서

1. 와인을 적온으로 맞춘다. 너무 차게 하면 와인의 개성이 충분히 나타나지 않는다.

2. 빛은 자연광이 제일 좋다. 전등을 사용할 경우에는 백열등이 형광등보다 좋고, 형광등의 경우에는 특히 태양광에 가까운 것을 골라 사용해야 한다. 촛불을 켜놓고 테스팅을 하기도 하는데, 이것은 집중력과 분위기를 좋게 하지만 와인을 평가하는 최고의 방법은 아니다.

3. 시음잔은 와인 테스팅 전용 글라스가 가장 좋으며 잔이 없을 경우에는 무색의 큰 잔으로 향이 고일 수 있도록 윗부분이 안쪽으로 오므라져 있는 것을 고른다.

4. 와인을 뱉어 낼 그릇을 준비한다. 수세식으로 되어 있으면 가장 좋다.

5. 책상 위에 백지를 깔아 와인 색을 쉽게 볼 수 있게 한다.

6. 입가심용 물과 빵을 준비한다. 빵은 바게트 같이 소금기가 적은 것이 좋고, 단맛이 있는 빵은 적당하지 않다. 또한 치즈도 테스팅에는 부적당하다.

7. 와인 테스팅의 순서는 드라이한 화이트 와인부터 시작해서 레드 와인, 마지막에 스위트 화이트 와인이 좋다.

유럽에서는 레드 와인에서 드라이 화이트 와인, 스위트 화이트 와인으로 시음하는 경우도 있으나, 드라이 화이트 와인부터 시작하여 테스트하는 것이 맛을 감정하기가 쉽다.

8. 가벼운 타입의 와인에서 시작하여 중후한 와인으로 진행한다.

9. 생산 연도가 다른 와인을 테스트할 경우에는 영 와인부터 테스트하는 것이 일반적이다.

10. 글라스에 따르는 와인의 양은 1/4 정도로 윗부분에 향이 모이도록 한다(약 50mL).

11. 먼저 와인의 색을 본다. 그 타입의 와인이 원래 가지는 색과 비교한다. 그것으로 숙성의 진행 상태와 양조, 저장중의 이상 유무도 알 수 있다. 다시 말해서 와인이 가지는 특성을 기준으로 삼을 필요가 있어서 단순히 색의 농도를 정하는 것이 아니다. 몇 년간 숙성이 된 레드 와인의 경우에는 잔을 기울여 색을 보면 잔의 벽면에 가까운 부분이 특히 엷은 갈색을 띤 적색으로 보인다. 이것은 와인에 골고루 분산되어 있던 안토시안의 분자가 뭉쳐져서 침전되기 쉬운 형태로 변하기 때

문이다.

12. 와인의 색은 투명해야 한다. 탁한 와인은 양조 기술에 문제가 있는 경우가 많다.

가장 흔히 발생하는 것은 숙성중에 색소와 타닌 등의 물질이 침전되어 추출되는 것인데 이것은 당연한 현상이므로 조심스럽게 디캔트해서 침전시켜 와인에 들어가지 않게 하면 된다.

13. 와인 중에 탄산가스가 용해되어 있는 경우에는 기포가 생기기 때문에 이것도 주의해야 한다. 더욱이 잔을 가볍게 돌릴 때 벽면에 묻은 와인이 액면으로 떨어지는데 시간이 걸리는 것은 와인의 농도와 당분의 점도가 높은 것을 뜻한다.

14. 잔을 코에 갖다 대고 강하고 순간적인 향을 맡는다. 후각 신경은 마비되기 쉬우므로 오래 맡으면 좋지 않다. 다시 맡을 때에는 30초 정도 시간을 두고 맡거나, 와인 잔을 살며시 내려놓은 상태에서 잔을 돌려 와인을 소용돌이치게 한 후 향을 맡아 두 가지 조건의 향을 비교하는 것도 좋은 방법이다.

15. 마지막으로 와인을 입에 머금고 혀를 말아 입술 양면으로 공기를 빨아들여 입 안에서 와인과 접촉시켜 향을 음미한다. 신맛, 단맛, 쓴맛, 수렴성의 맛, 탄산의 자극적인 맛, 알코올과 그 밖의 함유 성분에 따른 진한 차이의 정도를 느낄 수 있다.

16. 와인을 뱉어내고 코를 통해 입안의 향을 밖으로 내보낸다. 이 때 느끼는 향은 입 안에 남아 맛의 강도나 느낌이 좋고 나쁜 와인에 따라 큰 차이가 있어 그 와인의 인상을 크게 좌우한다.

와인의 색

와인의 특징 가운데 하나는 아름다운 색이다. 귀부 와인의 황금색, 레드 와인의 루비색, 로제 와인의 장미색은 리큐류를 제외한 다른 술에서는 볼 수 없는 아름다운 색인데 이것은 산지, 품종, 양조, 숙성 등에 따라 미묘한 차이가 생긴다.

드라이한 화이트 와인은 양조 후에는 보통 신선한 맛을 지니고 있다고 표현될 정도로 특징 있는 엷은 황금색을 띠고 있으나, 숙성이 진행되면서 점차적으로 색이 진해지고 나중에는 밀짚(Straw)색까지 추가되어 황금색, 호박색을 거쳐 마지막에는 갈색으로 변한다. 물론 이 변화는 와인 성질에 따른 변화이기 때문에 어느 색이 좋고 나쁜가는 말할 수 없다. 그 와인의 특성과 시간의 경과에 따른 색의 변화가 다르기 때문에 그 기준을 알지 못하면 정확한 판단을 내릴 수 없다.

레드 와인의 경우 숙성이 덜된 와인은 자주색을 띤 적색에서 숙성이 진행됨에 따라 차츰 자주색이 줄어들며 갈색을 띠게 된다. 즉 루비색, 벽돌색 등을 거쳐 마지막에는 갈색에 가깝게 된다. 뒤에서 설명되는 표『다양한 와인의 관능 검사 배점표』에서 프랑스 그랑 뱅(Grand Vins)의 평가에서 색이 점수화되어 있지 않은 이유는 긴 세월을 숙성시킨 후에 마시는 것이 많기 때문이다. 또한, 와인은 성격에 따라 밝은 적색에서부터 짙은 암적색까지 색깔이 아닌 농도가 다양하다. 결국 이러한 레드 와인은 그 와인이 가진 특성의 기준을 모르면 쉽게 판단할 수 없다.

로제 와인은 미숙한 때에는 연분홍에 가까운 색을 띠지

와인의 색을 관찰하기 위해서는 밝은 곳에서 투명하고 깨끗한 글라스를 사용하는 것이 좋다.

만 점차적으로 오렌지계열의 색으로 변해간다. 이 경우도 와인의 특성에 따라 색의 변화 속도가 다르다. 뱅 그리(Vin Gris)라 불리는 화이트 와인에 가까운 것으로부터 색이 옅은 레드 와인과 비슷한 것까지 다양하다.

높은 투명도는 필요 조건이지만 귀부 와인처럼 점도가 높은 와인은 굴절률도 관계가 있어서 황금색으로 빛나는 경우도 있다.

그리고 스파클링 와인은 기포가 섬세하게 끝까지 올라오는 것이 가장 좋은 상태이다.

와인의 향

와인의 향은 매우 다양하다. 포도 품종에는 와인이 되었을 때 향이 높은 것과 별로 나지 않는 종류가 있다. 향의 종류도 여러 가지이다. 발효로 생기는 향과 숙성 과정에서 생기는 향도 품종에 따라 다르다. 화이트, 레드, 로제 와인의 향도 서로 다르다.

풍미는 입 안에서 느끼는 맛과 향의 종합이고, 향은 와인의 풍미에 있어서 중요한 요소이다.

향기를 나타내는 단어도 세계적으로 통일되어 있지 않다. 흔히 포도에서 나오는 향을 아로마 또는 아롬(Aroma, Arome)이라고 하며, 발효와 숙성에 의해 생긴 향을 부케(Bouquet)라고 한다. 사람에 따라서는 포도 열매에서 나오는 향을 제1의 부케, 발효시 생기는 향을 제2의 부케, 숙성향을 제3의 부케라 하기도 한다.

포도의 향은 품종에 따라 다르다. 유럽계의 비니페라종과 미국계의 라브루스카종 사이에는 큰 차이가 있다. 그러나 향이 강한 것이 좋은 것만은 아니다. 라브루스카계의 콩코드 같은 품종의 강한 향은 포도 주스로는 좋은 향이나 와인에는 친숙하지 않은 향이다. 유럽 사람들은 이 향을 여우 냄새(Foxy Flavour)라 하여 싫어한다.

비니페라계의 뮈스카는 특히 향이 높은 품종으로 이 향을 잘 살리면 아주 좋은 와인이 되지만, 산화하면 흙내음과 같은 향이 나기 때문에 양조와 숙성에 주의해야 한다.

이 외에 독특한 향을 지닌 품종으로 흑포도인 카베르네 소비뇽과 청포도인 소비뇽 블랑, 게뷔르츠트라미너 등이 있다. 독일의 교배품종인 슈레베(Scheurebe), 모리오 뮈스카(Morio-Muscat)도 매우 향이 높은 품종이며, 뮐러

와인의 향을 맡을 때는 1차적인 향과 와인을 소용돌이 쳐서 발산되는 2차적인 향으로 나누어 감지해내는 것이 좋다.

투르가우도 약한 뮈스카 향을 지니고 있다. 샤르도네와 리슬링은 그 자체의 향은 높지 않으나 오크 통 속에서 수개월 동안 숙성시키면 좋은 와인이 될 수 있는 품종이다.

　숙성에 의해 생기는 향은 에스테르 생성에 따른 화려한 향을 중심으로 와인 속에 용해되어 있던 리그닌과 바닐린이 생성되어 향을 발산하게 되는데, 이것은 위스키의 숙성 때 생기는 것으로 알려져 있는데 와인의 숙성 때에도 생길 수 있다. 화이트 와인보다 레드 와인이 함유된 성분이 다양해 숙성향이 화려해지고, 귀부 와인과 같은 화이트 와인도 숙성에 의해 품질이 한층 더 좋아진다.

와인의 맛

맛을 볼 때는 공기를 빨아들여 입 안에서 와인과 함께 돌려가면서 맛을 감지해 본다.

미각에는 단맛, 신맛, 짠맛, 쓴맛의 4가지 기본 감각이 있다. 맛은 혀의 미각을 중심으로 입 안 전체에서 느끼지만 맛과 함께 향도 느낄 수 있다.

단맛은 혀의 앞부분에서, 신맛은 혀의 양쪽에서, 쓴맛은 혀의 뒷부분에서 주로 느낀다.

와인의 경우 짠맛은 무시되지만 에틸 알코올에는 단맛과 함께 진한 맛을 느끼게 하는 강도가 있다.

신맛은 와인 맛의 다양함을 만드는 매우 중요한 요소이나 와인과 친숙하지 않은 사람에게는 드라이한 와인의 경우 시다고 느낄 수 있다.

단맛은 신맛을 부드럽게 하는 역할을 한다. 처음에 약간 단맛이 나는 와인이 입에 맞는 경우가 많다. 레드 와인의 경우 타닌의 쓴맛도 처음에는 친해지기 어려울지 모르나 와인의 풍미에 있어서는 중요한 요소이다. 이들 맛의 기본 요소에 의해 종합적인 감각이 맛으로 연결되어 균형 잡힌 풍미가 가장 맛있게 느껴지는 것이다.

간단히 말해 화이트 와인은 단맛과 신맛이 상호 보완적으로 조화되고 있지만 드라이한 화이트 와인의 경우 신맛과 알코올이 모두 강하면 화끈한 맛으로 느껴지고, 신맛이 강하고 알코올이 약하면 가볍고 신맛이 강한 와인으로 느껴진다. 또한 신맛이 약하고 알코올이 강하면 진한 맛과 중후함이 느껴지고 신맛과 알코올이 모두 약하면 가벼운 단맛으로 느껴지게 된다.

레드 와인은 타닌의 떫은맛이 더해져 더욱 복잡한 맛이 된다. 레드 와인의 경우 거의가 드라이한 맛인데 당분은 없어도 알코올이 단맛을 느끼게 해주기 때문에 단맛 ↔ 신맛 + 쓴맛이라는 균형을 유지하고 있다. 신선할 때 마시는 레드 와인은 산이 많고 타닌은 적다. 장기간 저장할 와인은 타닌과 산이 많아야 한다. 타닌도 많고 산도 많으면 떫은 맛과 수렴성의 맛이 강하게 느껴진다. 결국 풍미의 전체적인 요소의 균형과 뒷맛의 여부와 여운이 와인의 맛을 결정하게 된다.

와인은 많이 마실수록 다양한 타입의 맛을 폭 넓게 즐길 수 있다. 그러므로 경험을 쌓지 않은 사람이 맛이 있다, 없다 언급하는 것은 그 사람 개인의 주관적 판단이므로 객관성이 없는 것이다.

또한 많은 와인 책에서 소개하고 있는 지역별 와인의 성격을 그대로 따르는 것도 위험하다. 왜냐하면 연도에 따라, 생산 자에 따라, 또는 밭에 따라 와인의 성격이 크게 달라지기 때문이다. 그러므로 자신들이 많은 경험을 쌓아 넓은 시각으로 올바른 판단 기준을 세우는 것이 가장 바람직하다.

와인 시음의 용어

개개인의 입맛이 천차만별인 만큼 똑같은 와인이라도 서로가 느끼는 느낌의 차이는 크다.

따라서 일반적으로 와인 시음시에 주로 사용되는 용어를 알고 있으면 다양한 종류의 와인을 시음하고 구별하는데 도움이 된다.

Animal	동물성 향이 나는 레드 와인에 사용되는 용어이다.
Aroma	원료 포도 자체에서 느껴지는 향으로 Fruity, Flowery, Grassy 등의 느낌을 말한다.
Âpre	약간 거친 듯한 숙성이 되지 않은 레드 와인을 표현하는 용어이다.
Acidity	산도를 나타내는 용어로 상큼하거나 새콤한 맛의 총체적인 표현이다. 부정적인 표현으로 사용할 때 산이 지나치게 많으면 Sour로 표현하고 산이 너무 부족할 때는 Flat라고 표현한다.
Astringency	떫고 약간 쓴맛이 나는 느낌을 표현하는 말로 타닌 성분을 많이 함유하고 있는 레드 와인에 사용하는 표현이다.
Bouquet	제조 과정중에 발효 때나 오크 통 숙성 때 생기는 방향이나 물질을 지닌 와인에 사용되는 용어이다. Aroma보다 미묘한 향으로 Aroma가 천연향이라면 Bouquet는 인공적인 숙성향이라고 할 수 있다.
Body	입 안에서 느껴지는 중량감을 표현하는 용어이다. 알코올 도수가 높을수록 진한 느낌을 주고, 여러 가지 향과 맛이 복합적일 때도 진한 느낌을 받게 된다. 보통 중량의 느낌에 따라 Full Bodied Wine, Medium Bodied Wine, Light Bodied Wine 등으로 나타낸다.
Balance	전체적으로 풍미가 균형잡힌 와인에 대한 표현으로 그 정도에 따라 표현이 달라진다.
Baked	햇볕을 잘 받은 포도로 만들어진 신선한 상태의 와인에 쓰이는 표현이다.
Complex	여러 가지 향기와 다양한 맛이 복합적으로 어우러져 좋은 느낌을 주는 긍정적인 표현이다.
Capiteaux	알코올 양이 많아서 취기가 약간 오르는 듯할 때 사용된다.
Corsé	짜임새가 있으며 알코올 양이 많은 와인에 사용한다.
Corps	짜임새가 있고 진한 와인에 쓴다.
Creamy	샴페인과 고급 와인의 표현에 주로 쓰인다.

Dry 단맛을 느낄 수 없는 경우, 즉 일반적으로 당도가 0.5/g 이하일 때 주로 사용된다.

Dense 색이나 향이 강한 와인을 긍정적인 뜻으로 나타낼 때 사용한다.

Earthy 토양 상태가 좋은 곳에서 자란 포도로 만든 와인에 쓰는 표현이다.

Elegant 맛이 우아한 와인에 자주 쓰이는 말이다.

Floral(Flowery) 장미꽃, 제비꽃 등의 꽃 향기가 나는 와인에 쓰는 표현이다.

Fruity 원료 포도에 따라 레드 와인의 경우는 카시스 · 체리 · 산딸기 등의 과일 향이 나며, 화이트 와인의 경우는 복숭아 · 살구 · 오렌지 등의 과일향이 난다.

Fat 풀바디한 스위트 와인에 주로 쓰이는 표현이다.

Flat 신선함과 신맛이 부족할 때 쓰는 표현이다.

Firm 산과 타닌 성분이 적당할 때 쓰는 표현이다.

Fragrant 꽃향기가 나는 매혹적인 와인을 표현할 때 쓰는 말이다.

Gouleyant 유연하고 가벼워서 마시기 쉬운 와인을 표현할 때 사용한다.

Green 숙성이 좀더 필요한 와인을 말할 때 쓰이는 말이다.

Hard 산이나 타닌 성분이 너무 지나치게 느껴지는 와인을 말할 때 쓴다.

Hollow 첫맛과 끝맛이 다른 와인에 쓰는 표현이다.

Hot 날씨가 더운 지방에서 생산된 풍미의 균형이 잡히지 않은 와인에 쓰는 표현이다.

Léger Corse와 반대로 알코올 함량이 낮은 와인.

Liquoreux 당분이 많이 함유되어 감미로운 와인.

Moelleux 알코올 감촉이 입 안에서 벨벳 같은 감각을 주는 기름진 듯한 느낌의 와인을 말한다. 잔여 당분을 많이 함유한 와인에도 사용한다.

Mouthfilling	입 안에 가득 차는 듯한 풍부한 느낌을 줄 때 표현하는 용어이다.
Odor	코로 감지할 수 있는 냄새.
Oilly	스위트한 와인에서 느낄 수 있는 기름진 듯한 느낌을 표현한다.
Round	유연하면서 벨벳 같은 느낌을 표현한다.
Rich	깊고 풍부한 향의 와인을 표현하는 말이다.
Robust	풀바디한 레드 와인에 주로 쓰는 표현이다.
Spicy	계피, 정향, 후추 등의 향신료 향이 나는 와인에 쓰는 표현이다.
Sharp	조금은 거친 맛이나 숙성이 되면 부드러워질 수 있는 잠재력을 지닌 화이트 와인에 쓰는 표현이다.
Silky	고급 와인에서 느낄 수 있는 부드러운 실크 같은 와인에 사용되는 표현이다.
Soft	잘 익은 과일향이 강한 와인에 쓰는 표현이다.
Stalky	포도 줄기에서 나오는 타닌분이 느껴질 때 쓰는 표현이다.
Structure	산과 타닌, 당, 알코올 등 와인을 구성하는 모든 요소들이 잘 조화되어 있는 와인에 쓰는 표현이다.
Thin	향과 바디가 부족한 와인에 쓰는 표현이다.
Tough	타닌 맛이 강하게 나는 와인에 쓰는 표현이다.
Toasty	숯불에 구운 듯한 향을 말한다. 그슬린 오크 통에서 숙성한 와인에서 느낄 수 있는 느낌을 나타낸다.
Velouté(Velvety)	와인이 잘 숙성되어 입 안에서 느껴지는 촉감이 유연하고 부드럽고 조화된 레드 와인에 주로 쓰는 표현이다.
Vert	산미가 강하고 숙성되지 않은 미숙성 와인에 쓰는 표현이다.
Woody	오랜 오크 통 숙성에 의해 배인 향으로 상당한 전문가가 아니면 감지해 내기가 어렵다.
Zesty	주로 영 화이트 와인에서 느낄 수 있는 신선하고 생생한 느낌을 말한다.

와인 평가표

와인 평가는 일반적으로 점수법으로 하지만 그 채점방법도 다양하다. 5, 10, 20, 40, 100점 등 나라, 지방, 연구기관에 따라 여러 기준이 사용된다. 어느 것이 좋은 지는 쉽게 말할 수 없으나 점수 배분의 예로 다음과 같은 것이 널리 알려져 있다.

다양한 와인의 관능 검사 배점표

	색깔	향	맛	전체적인 조화	계
O I V	4	4	12		20
F.(오스트리아 1964)	4	8	8		20
Devis.(캘리포니아 대학)	4	6	8	2	20
독일 와인법(1971)	4	4	12		20
E.(독일 1972)	6	10	24		40
P.(프랑스)	2	2	4	2	10
A.O.C 와인	10	20	20~30		50~60
Grand Vins		30	50	20	100
이탈리아 상공회의소	12	24	40	24	100

FICHE DE DÉGUSTÁTION

Temperature du local :

Nom du degustateur :

Qualite :

Vin deguste :

LA VUE(1)

Brillant _____

Limpide _____

Trouble _____

COULEUR(1)

Foncee _____

Normale _____

Faible _____

Passee _____

NOTE----------SUR 4

LODORAT(1)

Puissant _____

Moyen _____

Faible _____

Inappreciable _____

Agreable _____

Neutre _____

Desagreable _____

LE GOUT(1)

Puissant _____

Moyen _____

Faible _____

Persistant _____

Oxyde _____

Acide _____

Alcoolique chaud _____

Corse _____

Rond _____

Gras _____

Plein _____

Maigre _____

Sec _____

Plat _____

Neutre _____

Tannique _____

Fin _____

Amer _____

Indefinissable _____

Agreable _____

Equilibre _____

Desagreable _____

NOTE----------SUR 6

NOTE--------SUR 10

NOTE GENERALE SUR 20

인류 최초의 주정뱅이(?)

파리의 국립 도서관에 가면 대홍수 후에 노아가 포도로 만든 술(와인)을 마시고 잠든 모습을 그린 그림이 소장되어 있다. 이것은 구약성서에 나오는 이야기로 성경에 의하면 포도를 재배한 최초의 사람은 노아이고 그는 신에게 성의를 인정받은 인간으로 동식물과 함께 지구 대홍수에서 방주에 의해 살아남았다.

그리고 그는 아라랏산 기슭에서 포도를 재배하기 시작하였는데, 노아는 이 포도로 와인을 만들었고 이것을 너무 많이 마신 그는 벌거벗은 채 잠들어 버리고 만 것이다.

인간은 원래 벌거숭이였지만 이로서 노아는 인류 최초의 주정뱅이 벌거숭이가 된 셈이다.

노아에게는 셈과 햄, 야페테라는 세 아들이 있었다. 그러던 어느날 야페테는 아버지의 벌거벗은 모습을 보고 쑥스러워 뒷걸음질을 쳐서 알몸을 보지 않았는데 술이 깬 노아는 벌거벗은 자신의 모습을 자식에게 보인 것에 대하여 크게 화가 나서 몽둥이를 들고 야페테를 쫓아 갔다.

신에게 어여쁘게 보인 노아였으나 와인을 마시고 취하여서는 인간다운 모습을 제법 보이게 되었던 것이다.

와인과
요리와의 조화

와인과 요리

서양 요리와의 조화

한국 음식과의 조화

와인과 요리

와인을 즐기는 데 있어서 절대적인 원칙이라는 것은 없다. 다만, 음식을 즐기는 사람의 입맛과 선택이 가장 중요하다. 수천년에 걸쳐 와인 애호가들이 가장 좋은 음용방법을 고안해 냈고 음식과 가장 잘 어울리는 와인을 골라 마셔왔던 것이 오늘날까지 전해져 오고 있다. 그러나 그 오랜 경험과 습관이 상당히 과학적인 것임은 분명하다.

일반적으로 훌륭한 요리는 그것과 잘 어울리는 와인이 곁들여질 때 최고의 식사가 될 수 있는 것은 자명한 사실이다. 대체로 식사에 곁들여지는 와인은 음식의 맛에 나쁜 영향을 끼쳐서는 안 된다.

와인의 맛이 음식의 맛보다 지나치게 강해도 좋지 않으며 반대로 음식의 맛이 와인의 맛보다 너무 강해도 좋지 않다. 음식에 맞는 와인을 고를 때에는 여러 가지 요소를 고려하여야 한다.

여러 가지 와인을 식사와 함께 할 때에는 마시는 순서에 따라서 와인의 질에 대한 평가가 달라진다는 사실을 염두에 두어야 한다. 마시는 와인이 먼저 마신 와인에 대해 아쉬운 생각이 들게 해서도 안 되고 다음 와인을 마실 때 입맛을 무뎌지게 해서도 안 된다.

일반적인 식사의 경우에는 한 가지 와인을 주로 마시게 되는데, 그 식사의 주요리와 가장 잘 어울리는 와인을 선택하는 것이 바람직하다. 그리고 와인이 요리의 재료로 사용된 경우에는 사용된 와인과 같은 종류의 와인을 제공하는 것이 가장 잘 어울린다.

그리고 요리를 할 때 질이 낮은 와인을 사용하는 것은 피하는 것이 좋다. 왜냐하면 요리의 맛은 조리에 사용된 와인의 질에 따라 달라지기 때문이다.

서양 요리와의 조화

와인의 본가는 유럽이다. 따라서 유럽 각국의 요리들은 유럽의 와인과 조화가 잘 이루어진다. 우리의 일반적인 관념상 '삼겹살에는 소주' 식으로 각 나라별로 오랜 식습관과 풍토가 만들어낸 결과이다.

통념상 프랑스 요리는 프랑스 와인과, 이탈리아 요리는 이탈리아 와인과 가장 잘 어울린다고 할 수 있다.

그러나 어디까지나 이것은 일반적인 통념이고 실제로는 조리 방법이나 요리의 소스가 가장 큰 변수로 작용한다. 서양 요리와 한국을 포함한 동양 요리에 있어서 공통으로 적용되는 몇 가지 조화 기법을 예를 들어보면 다음과 같다.

1. 요리가 와인의 특징을 없애는 경우

아주 맵거나 향신료를 과다하게 사용하여 조리한 자극적인 요리는 와인의 풍미와 특징을 없애 버린다. 특히 인도와 중국, 우리 나라의 자극적인 일부 음식은 와인과 어울리기 어렵다.

그러나 양념을 적게 사용하여 만든 부드러운 동양권의 요리는 향이 풍부한 게뷔르츠트라미너, 소비뇽 블랑과 같은 포도 품종으로 만든 와인이 잘 어울릴 수 있다.

2. 아주 짠 음식의 경우

소금기가 많은 짠 음식, 즉 Roquefort Cheese, Sevruga, Beluga Cavier 등은 일반적인 레드 와인과 함께 할 경우 와인의 맛을 변화시키므로 와인의 맛을 제대로 느낄 수 없게 된다. 따라서 소금기가 많은 치즈는 소테른 - 바르삭의 귀부 와인과 함께 하면 짠맛과 단맛이 잘 조화를 이루게 되고, 짠 Sevruga는 Schnapps나 Aquavit 같은 증류주가 차라리 잘 어울린다. 소금기가 있어 짠맛이 나는 Beluga Cavier 또한 샴페인과 잘 어울릴 수 있다.

3. 훈향이 강하게 나는 요리의 경우

훈제 처리한 생선과 육류는 성질상 서로 다르기 때문에 같은 생선류라도 그 종류에 따라 서로 다르게 조화가 이루어진다. 예를 들어 훈제 연어는 주정강화 와인인 피노 셰리나 캘리포니아의 나파밸리와 소노마, 그리고 알렉산더 밸리 등에서 생산된 풍부하고 중후한 샤르도네 와인이나 프랑스 그라브 지방의 상급 화이트 와인이 잘 어울린다.

또한 훈제한 송어나 고등어는 알자스산 포도로 만든 와인이나 캘리포니아산 Fumé Blanc이 잘 어울린다.

특히 훈제 생선 요리는 놀랍게도 독일 와인 중 산도와 당도의 균형이 잘 잡힌 와인과 완벽하게 조화가 된다. 산도가 좋은 해에 만들어진 모젤산 Spatlese와 Auslese는 훈제한 송어나 대구 무스와 놀라울 정도로 잘 어울린다.

Chops, Steaks, Spareribs 등의 바비큐 요리는 레드 진판델이나 스페인의 리오하산 카베르네 소비뇽, 카탈로니아산 레드 와인이 잘 어울린다. 만약 깊은 양념 맛이 배어 있는 바비큐 요리일 경우는 Spicy 하고 Crispy한 소비뇽 블랑이나 게뷔르츠트라미너 같은 와인을 고르는 것이 좋다.

4. 해산물 요리의 경우

풀 바디드 타입의 거의 모든 화이트 와인은 잘 어울릴 수 있다. 특히 메인으로 나오는 바다가재(Lobster) 같은 요리는 프랑스 부르고뉴산과 캘리포니아산 샤르도네 품종으로 만든 Buttery 한 화이트 와인과 조화가 잘되고 대합조개와 같은 요리는 이탈리아산 Pinot Grigio 와인과 조화가 잘된다. 송어와 같은 신선한 물고기류는 섬세하고 꽃향기가 풍부한 캘리포니아산과 모젤산 리슬링과 조화가 좀더 쉽게 이루어진다.

5. 육류의 경우

뜨겁거나 차가운 로스트 비프 같은 경우는 보르도산의 상급 레드 와인, 부르고뉴산 레드 와인, 캘리포니아산 카베르네 소비뇽으로 만든 레드 와인과 잘 어울릴 수 있다. 로스트한 양고기요리 역시 같은 류의 와인과 잘 어울린다.

와인과 요리와의 기초적인 조화 기법을 기본으로 하여 좀더 포괄적인 양식 코스별 조화를 이루어보면 다음과 같다.

Hors d' Oeuvre

무감미 화이트 와인과 중감미 화이트 와인, 저알코올(11도 미만) 계통의 와인과 발포성 와인, 천연감미 와인

어패류와 해조류

무감미 화이트 와인과 중감미 화이트 와인, 무감미 로제 와인과 발포성 와인

튀김 생선

무감미 화이트 와인과 중감미 화이트 와인, 무감미 로제 와인과 저알코올(11도 미만) 계통의 와인, 발포성 와인

양념한 생선 요리

무감미 화이트 와인과 중감미 화이트 와인, 무감미 로제 와인과 저알코올 계통의 와인, 발포성 와인

돼지고기 요리

무감미 화이트 와인과 무감미 로제 와인, 저감미 로제 와인과 저알코올 계통의 와인, 발포성 와인

가금류의 간 요리

중감미 화이트 와인, 발포성 와인

구운 가금류와 흰색 고기 요리

무감미 화이트 와인과 무감미 로제 와인, 저알코올 계통의 와인과 발포성 와인

구운 적색육 요리

저알코올 계통의 와인과 고알코올(11도 이상) 계통의 와인, 발포성 와인

양념한 적색육 요리

저알코올 계통의 와인과 고알코올 계통의 와인, 발포성 와인

야생 조류 요리

저알코올 계통의 와인과 고알코올 계통의 와인, 발포성 와인

야생 짐승류 요리

고알코올 계통의 와인과 발포성 와인

향기가 약한 치즈

무감미 화이트 와인과 무감미 로제 와인, 저감미 로제 와인과 저알코올 계통의 와인, 발포성 와인

향기가 강한 치즈

중감미 화이트 와인과 고알코올 계통의 와인, 발포성 와인

디저트

중감미 화이트 와인과 저감미 로제 와인, 발포성 와인과 천연감미 와인

위에서는 포괄적인 조합이 가능한 와인을 분류함으로서 성격이 비슷한 와인의 다양한 시도를 해볼 수 있다. 지금까지의 전례를 보면 어느 특정 와인의 구체적인 상표를 들어 가면서 조화표를 만드는 사례가 많았다. 그러나 이런 경우는 레스토랑과 같은 한정된 리스트 범위안에서 와인과 요리와의 조화를 시도하는 경우에 국한된다고 보면 옳을 것이다.

한국 음식과의 조화

일반적인 개념상 양념을 많이 사용하는 한국 음식은 와인과 잘 어울릴 수 없다는 것이 통례이다. 그러나 우리의 음식 문화도 경제성장과 함께 많이 바뀌어 옛날보다 덜 자극적이고 양념의 사용도 많이 줄어드는 추세이다. 따라서 한국 음식에도 와인과 어울릴 수 있는 음식들이 많이 있다. 아주 맵고 짠 음식을 제외하고는 프랑스의 마르세유와 이탈리아의 여러 지방 음식 등 세계적으로 유사한 형태의 음식이 많다. 그리고 우리 나라의 요리는 그 가짓수로 볼 때 프랑스나 중국의 요리를 능가하는 수준이다. 이렇게 다양한 가짓수의 요리는 세계적으로도 그렇게 흔하지 않은 경우이다. 다양한 종류의 요리만큼이나 다양한 와인의 특성은 우리처럼 다양한 음식의 문화를 가진 민족에게는 더없이 많은 기회와 경험을 제공해 줄 수 있다.

우리의 대표적인 음식 몇 가지를 예로 들어 잘 어울리는 와인을 추천해보면 다음과 같다.

등심로스와 삼겹살
오랫동안 숙성시킨 드라이한 고알코올 계통의 레드 와인

불고기와 갈비찜
부드러운 고알코올 계통의 레드 와인과 중감미 화이트 와인

생선회
약간 신맛이 나는 중감미 화이트 와인

생선구이
신맛과 떫은맛이 적당히 있는 무감미 화이트 와인

해산물과 튀김 요리
잘 숙성된 무감미 화이트 와인과 중감미 화이트 와인

생선 모듬탕
중감미 로제 와인과 발포성 와인

해물파전과 부침개
재료에 따라서 드라이 화이트 와인이나 중감미 화이트 와인, 또는 가벼운 레드 와인

마른 견과류
신선한 햇포도주와 감미 화이트 와인

민물장어 구이
고알코올 계통의 잘 숙성된 레드 와인

이 외에도 아주 다양하게 시도해볼 수 있는 소지가 충분하고 음식의 다양성과 더불어 다양한 타입의 와인과의 경험은 우리 음식의 국제화와 음식문화 수준을 한 단계 더 높은 수준으로 향상시킬 수 있다.

와인과 요리와의 조화기법의 기본

Aromatic dry white wine	Smoked fish, Grilled mullet, Bouillabaisse, Ham & Salami, Pate, Tacos, Onion Quich, Little hard goat cheese.
Light dry white wine	Fresh-water fish, Mussels, Whitebait, Fish or Shellfish pasta.
Medium-bodied dry white	Fish terrines, Cold fish salad, Seafood pancakes, Risotto.
Full-bodied dry white wine	Crustaceans(Lobster, Crab), Fish(Turbot, Halibut), Nouvelle cuisine Salades composees(Scallop, Cryfish, Shrimp, Prawn), Chicken in white sauce.
Fruity white & touch of sweetness wine	Canape, Light buffet, Little fresh, Shrimp, Aperitifs & between meals.
Medium-sweet & sweet white wine	Fruits dessert(Pear charlotte), Smoked fish or Pate.
Very sweet white wine	Dessert made from peaches or Apricot, Strawberry and cream, Cake or Almond biscuits.
Luscious dessert white wine	Ripe pears and peaches, Walnuts.
Fresh lively red wine	Grilled fresh salmon steaks, Pink salmon trout, Grilled sausages, Herby roast rabbit, Liver, Hamberger, Roast young pigeon, Cheese(Dolcelatte, Bresse blue, Fresh cream cheese).
Medium-bodied red wine	Ground meats(Meatballs, Meat sauces for pasta), Roast lamb, Braised meats, Roast game birds, Cold game.
Full, Assertive red wine	Casseroles and stews(Doube, Cassoulet, Goulash), Roast pork with prunes.
Powerful, Robust red & aged red wine	Hung game birds(Roast or in salmis), Wild duck, Roast turkey with chesnut stuffing, Venison, Wild boar, Cheddar cheese.
Dry rose wine	Fish soup with rouille, Salade nicoise, All mediterranean dishes.

와인과 요리와의 조화의 포인트

1. 단맛이 있고 소스가 많이 사용되는 육류 요리는 타닌 성분이 많고 풍미가 있는 와인이 좋다.

2. 양념을 많이 사용하였으나 소스가 진하지 않고 마늘이 쓰인 요리에는 풍미가 다양한 미듐 바디드 와인(Medium Bodied Wine)이나 스파이시(Spicy)한 와인이 잘 어울린다.

3. 양념을 거의 사용하지 않는 부드러운 고급 육질의 요리는 숙성이 잘되어 거친 맛이 없고 부드럽고 섬세한 와인이 잘 어울린다.

4. 흰색 육류를 요리할 때 양념을 다량 사용할 경우에는 타닌 성분이 약한 레드 와인이 좋고, 양념을 적게 사용할 경우에는 가볍고 섬세한 화이트 와인이 좋다.

5. 새콤달콤한 소스를 사용한 경우에는 신맛과 단맛이 잘 어우러진 균형잡힌 화이트 와인이 잘 어울린다.

6. 고급 생선구이 요리는 저감미의 로제 와인이나 산미와 떫은맛이 적당히 있는 고급 무감미 화이트 와인이 좋다.

7. 생선회와 같은 신선한 요리의 경우 흰 살 생선은 섬세하고 부드러운 고급 화이트 와인이 잘 어울리고, 붉은 살 생선의 경우는 가볍고 프루티한 레드 와인이 잘 어울린다.

8. 여러 가지 맛이 나는 다양한 조리 방법의 담백한 요리가 한 접시에 나오는 경우는 약간 신맛이 나는 무감미 화이트 와인이나 가벼운 레드 와인이 좋다.

잠자기 전에 부르고뉴 와인 한 잔

예전부터 술은 잠들지 못하는 사람에게 명약이라고 하였다. '푸드파워'의 저자 G. 슈바르츠는 이 책에서 레드 와인이 수면을 촉진시킨다고 기술하고 있다.

레드 와인에 함유된 색소가 정신을 안정시킬 뿐 아니라 두뇌 속의 수면 메커니즘과 관련이 있는 GABA(감마 아미노부티르산)가 많기 때문이라고 한다.

레드 와인 중에도 특히 부르고뉴산이 이 성분을 다량 함유하고 있어 그 효과가 크다고 한다.

와인의
유통과 소비

성공적인 와인 판매

와인 전문 숍

대형 유통 센터

레스토랑

성공적인 와인 판매

소비자는 다양한 방법으로 와인을 구매한다. 와인 전문 숍이나 와인 클럽, 백화점과 같은 대형 유통 센터 등에서 다양하게 접근해 온다. 또한 와인 바나 레스토랑 등에서 마시기도 하고 해외 여행을 통해 포도원에서 직접 구매하기도 한다.

따라서 성공적인 와인 판매를 위해서는 자기만의 독특한 판매 전략과 마케팅 전략이 수립되지 않으면 어렵다. 일반적인 견해로는 관리가 가장 우선시 되어야 하고 다음으로 다양한 고객의 욕구를 충족시키지 않으면 안 된다. 요즘 같이 인터넷을 통해 다양한 정보와 접하는 시대에는 너욱더 소비자의 욕구와 기대를 충족시키기에 최선의 노력을 경주해야 할 것이다. 대형 매장과 와인 전문 숍은 나름대로의 장점을 잘 살려 머천다이징 기법을 적절히 활용해야 할 것이며, 레스토랑과 와인 바 등은 최대의 장점인 인적 서비스와 무드에 중점을 두어야 할 것이다.

와인은 일반 제품과는 확실히 다른 상품이다. 특히 와인은 먼저 그 제품에 대한 전반적인 특성과 내력을 잘 알지 못하면 판매하기가 어렵다는 사실을 염두에 두어야 한다. 따라서 와인을 취급하는 사람들은 와인에 대한 풍부한 지식과 정보를 지니고 있어야 하는 점을 잊지 말아야 한다.

그리고 와인은 전문 숍이든 대형 유통 센터이든 내부의 구성과 배열이 차지하는 부분이 크다고 할 수 있다. 왜냐하면 구성과 배열은 곧 그 매장의 특성과 소비자의 구매욕구와 직결되기 때문이다.

많은 경우와 사례가 있겠지만 여기서는 와인 전문 숍과 대형 유통 센터, 그리고 레스토랑의 예를 들어 설명한다.

와인 전문 숍

와인 전문 숍은 앞에서 여러 차례 설명한 것처럼 고객에게 조언을 잘 해주고 각 고객의 기호에 맞는 서비스를 제공할 수 있어야 한다.

와인 전문 판매원은 시장 분석을 통하여 소비자의 기호를 파악하여 적절한 제품을 구비해 놓아야 한다. 그리고 와인에 대한 정확하고도 풍부한 지식을 가지고 고객에게 추천해줄 수 있어야 한다.

매장에 진열해 놓을 때나 창고에 보관해 놓을 때에도 항상 최상의 조건에서 와인을 눕혀서 전시하고 보관하여 고객에게 최상의 제품을 서비스할 수 있어야 한다.

특정 와인에 초점을 맞추어 판매 촉진을 하고 지속적으로 변화를 수시로 주면 장기적으로 고객에 대한 이미지 향상과 더불어 종업원의 교육까지 효과를 볼 수 있다. 외국에서 주로 사용하는 방식으로는 금주의 와인과 이 달의 와인을 선정하여 홍보 효과와 판매증진 효과를 동시에 얻는 방법이 있다. 그리고 패키지 상품으로 잘 나가지 않는 와인을 부대 상품과 함께 내놓음으로써 좋은 기대 효과를 올릴 수 있다.

또한, 와인 전시에 있어서도 소비자에게 가장 어필하기 좋은 방법을 연구하여 진열하는 것이 좋은데 요즘 같이 급변하는 시기에는 테마 형식으로 배열하여 고객의 욕구를 충족시키는 것도 좋은 방법이다. 예를 들어 향이 같은 와인끼리 분류

하거나 같은 타입 --- 바디(Body)별, 감미별, 산미별 등 --- 으로 코너별로 전시하여 소비자의 감각을 유도하는 방법 등이다. 이렇게 분류하여 전시하는 것은 소비자의 선택을 도와줄 뿐만 아니라 테마가 있는 매장으로 부각되어 고객들이 특별한 느낌을 받을 수 있게 해준다.

그리고 소규모로 운영하는 전문 와인 숍의 경우도 적정 재고의 확보가 관건이지만 별도의 창고 확보가 어려운 경우에는 판매가 잘 이루어지는 와인을 우선적으로 적정 재고를 충분히 확보하고 공간 활용을 최대로 하여 그 나름대로의 특징을 살려 숍을 꾸며 나가는 것이 경쟁력도 생기고 고정고객 확보의 한 방법이 될 수 있다.

전문 와인 숍에서의 와인 판매는 특히 대형 점포에 비해 단골 고객에 의한 판매 비율이 높으므로 고객과의 신용이 매우 중요하다. 앞에서 언급했듯이 고객과의 신뢰를 잃지 않기 위해서는 제품의 품질에 대한 확실한 믿음이 가는 네고시앙의 선정과 와인의 차별화로 고객의 기대를 저버리는 일이 없도록 하여야 한다. 제품에 대한 신용과 종업원의 친절한 설명과 추천은 와인 판매촉진의 기폭제가 되어 매출 신장과 함께 숍의 이미지도 함께 향상된다. 이러한 일련의 노력이 장기적으로 뒷받침될 때 고객은 믿고 지속적으로 찾게 되는 것이다.

대형 유통 센터

대형 유통 센터에서는 와인을 다른 상품과 차별화시켜 취급하여야 한다.

대형 유통 센터에서는 아주 다양한 고객들의 욕구를 충족시켜야 하므로 다양한 고려가 뒤따라야 한다.

와인은 즐거움과 여흥을 연상시키는 상품이므로 판매 코너를 독립시켜 와인 전문 숍의 이미지를 최대한 부각시켜야 한다. 그리고 와인은 조심스럽게 다루어져야 하는 상품으로서 빛과 온도와 진동에 유의해야 한다. 따라서 관리에 특별히 신경을 써서 상표가 잘 보이도록 세워둔 와인을 6주 이상 계속해서 두어서는 안 된다. 고급 와인의 경우 한 병 정도만 세워서 진열을 하고 나머지는 눕혀서 보관하며 주기적으로 코르크가 마르지 않도록 교체해 주는 것이 좋다.

상품의 수익성과 제시성을 고려하여 소비자가 구매시에 혼란을 겪지 않도록 배열하는 것이 중요하다. 또한 시장 조사를 통하여 공급과 수요를 최대한 일치하도록 하는 것이 중요하다.

와인을 진열할 때는 원산지별로 할 것인지 가격별로 할 것인지 또는 색깔과 용도별로 할 것인지를 신중하게 고려해야 한다.

그리고 불특정 다수의 소비자가 왕래하는 곳이므로 와인에 대한 풍부한 지식과 고객 응대에 대하여 잘 교육된 종업원을 배치하여 고객들에게 와인에 대한 충분한 설명과 추천을 자유자제로 할 수 있어 즉석 구매로 이어질 수 있도록 하는 것이 중요하다. 와인 시장이 좀더 성장하면 매장을 찾는 소비자들의 수준도 한층 높아질 것이지만 어느 경우든 항상 고객을 리드해 나갈 수 있는 전문가의 필요성은 높아질 것이다. 따라서 전문 와인 숍과 같이 와인 전문가를 두어 제반적인 관리와 판매를 일임하는 것이 효과적이고 바람직할 것이라고 본다.

레스토랑

레스토랑은 일반 와인에서부터 고급 와인에 이르기까지 아주 중요한 판매 시장이다. 중·대형 규모의 레스토랑의 경우에는 일정 규모의 물량을 저장해 놓을 수 있는 창고를 보유하고 있으나 소규모 레스토랑의 경우에는 1일 저장고 정도만을 갖추고 있다.

어느 경우이든지 고객의 주문에 바로 응할 수 있도록 필요한 와인을 준비해 두어야 한다.

가장 많이 팔리는 와인은 항상 충분한 양을 구비해 두어야 하고 와인 리스트에 있는 와인은 모두 준비되어 있어야 한다. 그리고 1일 저장고는 마시기 적당한 온도로 보관할 수 있어야 한다.

또한 와인 리스트는 레스토랑의 수준을 평가하는 요소이기 때문에 그 레스토랑의 수준에 맞게 구성을 해야 한다.

요즘에는 레스토랑에 소믈리에를 두는 추세이므로 소믈리에가 와인 리스트와 와인의 구매, 보관, 판매까지 책임을 지고 있는 경우가 많다.

따라서 소믈리에가 와인에 대한 전반적인 것을 총괄하여 관리할 수 있도록 하면 훨씬 편리할 것이다.

또한, 어떠한 타입의 레스토랑이든간에 와인에 대한 정책을 수립하여 모든 직원들이 따르도록 하는 것이 중요하다.

와인 판매 정책이란 메뉴에 따라 어울리는 와인의 종류를 선별하고 목록을 작성하여 와인 저장과 보관에 대한 조건을 유지하고, 와인 종류에 적합한 글라스와 도구를 준비하며, 직원들에 대한 와인 교육의 제반적인 사항을 말한다. 잘된 와인 정책은 심사숙고하여 만든 세부사항이 일관성 있게 유지되는 프로그램이다.

특히 레스토랑에 있어서 와인 리스트와 요리 메뉴는 그 비중이 매우 크므로 요리와 와인의 조화를 충분히 고려하여 각 레스토랑의 특색에 맞는 와인 리스트를 준비하는 것이 효과적이다.

따라서 각 레스토랑의 타입에 맞는 와인 리스트와 총체적인 리스트를 따로 준비해 두어 고객이 특별한 와인 리스트를

찾을 때 즉시 응대할 수 있도록 하는 것이 중요하다.

그리고 소믈리에가 있는 레스토랑이라고 할지라도 모든 직원들이 요리와 와인에 대한 지식을 충분히 숙지하고 있어야 성공적인 와인 판매 전략을 기대할 수 있다.

판매 촉진을 위한 방법으로 가장 우선시 되어야 하는 것은 종업원의 교육이고, 그 다음은 다양한 고객의 기호를 충족시킬 수 있는 풍부한 프로그램이다.

일반적으로 주로 이용되는 방법을 소개하면 다음과 같다.

1. 각 업장의 특성에 맞게 오늘의 와인, 금주의 와인, 이 달의 와인 등을 특별히 선정하여 고객의 다양한 경험과 선택에 도움을 주어 판매를 촉진시킨다.

2. 적게는 두세 가지, 많게는 여섯 가지 정도의 Wine by the glass를 특선 요리와 맞게 선정하여 지속적으로 판매한다.

3. 새로 들어온 와인은 별도의 진열대를 설치하여 적당한 POP와 함께 전시하여 고객들의 구매 욕구를 자극한다.

4. 단골 고객 리스트를 최대한 활용하여 지속적인 DM을 띄워 고객들로 하여금 새로운 소식을 항상 가까이 할 수 있도록 한다.

5. 시즌별 또는 주기적인 와인 프로모션을 통하여 고객의 욕구를 충족시키고 다양한 행사를 통한 업장의 이미지를 향상시킨다.

6. 와인과 어울리는 요리 특선을 준비하여 미식가와 와인 애호가들을 동시에 만족시킨다.

와인의 성공적인 판매를 위해서는 최고 상태의 와인과 최상의 보관조건, 최고의 요리와 최상으로 훈련된 종업원, 그리고 합리적인 와인 가격이 함께 어우러질 때 최고의 효과를 기대할 수 있다.

와인산업의 현재와 미래

현재의 와인시장

국산 와인의 문제점

수입 와인

미래의 와인 시장

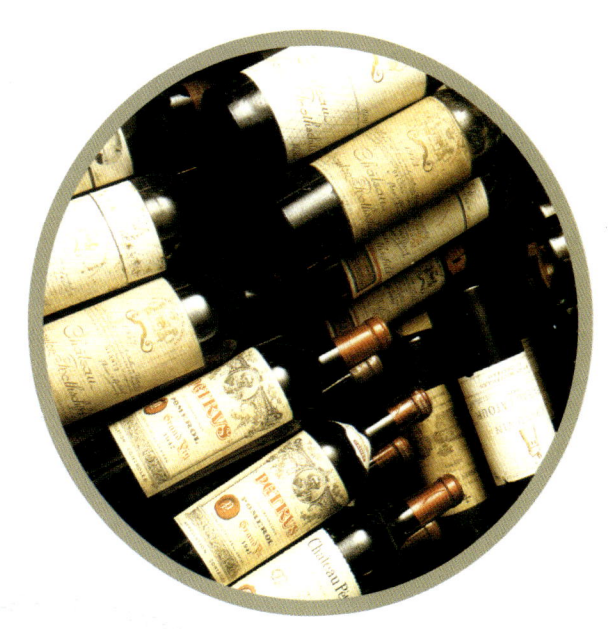

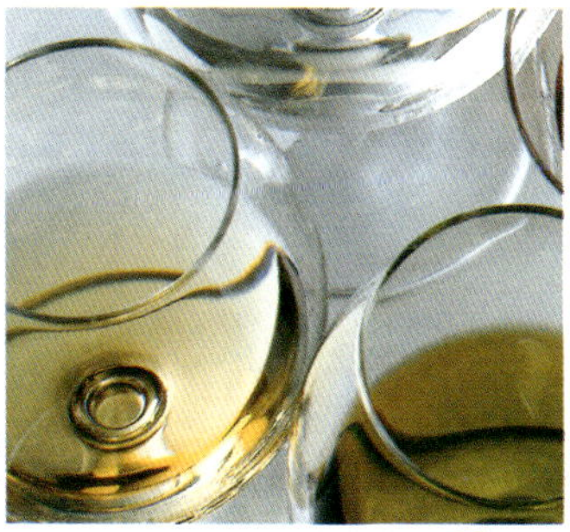

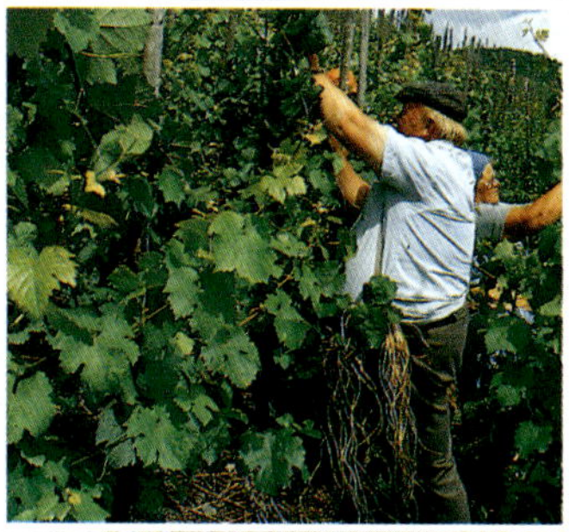

현재의 와인시장

현재 한국의 와인시장은 대도시를 중심으로 형성되어 있다. 이러한 와인시장이 앞으로 어떻게 전국적으로 확장되어 가는가가 관건이다.

오늘날의 일반적인 현상은 단맛의 과실주의 소비량이 점차적으로 늘어나고 독한 술에 대한 소비량이 줄어드는 추세이다. 이것은 지극히 바람직한 현상으로 현대인들의 건강에 대한 관심이 높아짐에 따라 이러한 소비형태로 나타나고 있는 것이다.

현대인들의 음주문화가 점진적으로 건전한 방향으로 자리 잡아감에 따라 음주 형태도 차즘 고알코올 음료에서 저알코올 음료로 전환되고 있는데 이리한 현상은 국민건강에 기여하는 바가 크다고 할 수 있다.

유럽의 와인 대국들의 경우에도 드라이한 와인 대비 스위트한 와인이 차지하는 비중이 큰 것에 비추어 볼 때 와인시장 형성의 기초는 스위트한 와인으로 다져져야 한다는 것을 단적으로 보여주고 있다.

와인은 사과산을 함유하고 있기 때문에 다른 술과 달리 쉽게 친숙해지기 어렵다. 따라서 신맛을 완화시킨 단맛이 나는 와인을 마신다는 것은 초보자로 하여금 쉽게 와인과 친숙해질 수 있는 계기를 마련해 줄 수 있다는 점이다. 세계의 와인 발전사를 보아도 확실하게 와인시장의 규모가 커지기 전에 스위트 계열 와인의 성장이 멈추어 버리면 전체적인 와인의 소비확대가 진전되기 어렵다.

최근 들어 국내 주류시장의 흐름은 매실주나 백세주와 같은 알코올이 약한 전통주의 강세가 두드러진데 이것들의 공통점은 단맛이 있는 술이라는 점이다. 이러한 술들은 일반 여성들에게도 별 거부감 없이 받아들여지고 있기 때문에 단맛이 있는 로제 와인이나 독일 와인 같은 타입의 와인으로 쉽게 전이될 수 있다.

최근 와인이 붐을 타고 생활의 일부분으로 정착되어가면서 지금까지 와인을 특별한 술로 생각해 왔던 인식이 바뀌어가고 있다.

그러나 매일 식탁에서 와인을 마시기에는 아직 이른 점이 있다. 왜냐하면 와인의 가격이 다른 술에 비해 상대적으로 비

싸기 때문이다. 따라서 적절한 가격대의 양질의 와인에 대한 소비자들의 요구가 생기고 있다. 앞으로는 이러한 경향이 강하게 나타날 것으로 보이는데 이러한 현상은 곧 와인시장의 확대와 더불어 고가 와인에 대한 수요로 이어질 것이다.

그리고 지금까지는 와인을 마시려면 와인 공부를 해야만 제대로 즐길 수 있다는 인식이 지배적이었으나 실제로 와인을 소비하는 소비자들은 와인을 자세하게 공부할 필요는 없다. 다만, 교양수준 정도로 와인에 대한 기초적인 지식만 갖추면 된다. 와인 공부가 정말로 필요한 사람들은 와인을 취급하고 판매하는 사람들로서 공부를 많이 하여 소비자들의 취향과 가격을 고려하여 확실하게 골라 주어야 한다. 이것은 대형 호텔의 고급 레스토랑에서 근무하는 소믈리에들에 국한되는 사항이 아니고 일반적으로 고객이 이용하기 쉬운 레스토랑의 소믈리에나 주류 판매점의 주인들에게도 해당되는 사항으로서 제대로된 와인의 지식을 갖는 것이 중요하다.

와인은 종류와 타입이 아주 다양하기 때문에 어떠한 고객의 요구도 취향만 파악할 수 있으면 만족시킬 수 있다. 생선에는 화이트 와인, 고기에는 레드 와인이라는 식의 교과서적인 방식으로 고객의 의도와 다른 것을 고집한다면 그 손님은 다시는 와인을 구매하지 않을 것이다.

아직까지 국내의 와인시장은 소비가 늘고는 있으나 소비량이 아주 많은 상태는 아니므로 여러 가지 연구와 시도는 무한한 가능성을 가져올 수 있다.

와인이 지닌 풍부한 무드를 살리고 가볍게 마실 수 있는 와인에 대한 친근감을 느낄 수 있는 환경을 만드는 것이 중요하다.

국산 와인의 문제점

가장 큰 문제점은 국산 와인의 소멸이다. 역사가 깊고 생산량이 많은 외국산 와인과의 품질과 가격 경쟁에서 상대가 되지 않는다.

우수한 와인을 만들기 위해서는 우수한 품질의 포도가 필요한데, 국내의 현실은 품질도 그렇게 높지 않으면서 가격도 식용 포도보다 상대적으로 비싸 와인의 생산원가를 높여 경쟁력을 떨어뜨린다.

유럽의 와인 생산국들과 비교해 땅값이 비싼 것도 한몫을 하고 있고, 기후 조건도 좋지 않아 품질적인 한계를 극복하기가 어려운 실정이다.

따라서 대부분의 농가에서는 수익성이 좋은 식용 포도를 재배하고 있어 양조용 포도가 귀해 가격이 올라갈 수밖에 없다.

오늘날에는 이러한 식용 포도도 과잉생산으로 인하여 재배농가에 어려움을 초래하고 있고, 더욱이 값싼 외국산 식용 포도의 수입으로 그 어려움은 극에 달하고 있는 실정이다. 따라서 최근 들어 궁여지책으로 식용 포도로 와인을 만들고자하는 움직임이 있으나 품질과 기술적으로 아직 현실성이 없다고 할 수 있다. 다만, 주스나 알코올이 낮은 음료로 개발하는 것은 어느 정도 시장성이 있다고 할 수 있다.

현재의 우리의 현실은 급속도로 늘어나는 와인 소비를 따라갈 수가 없고 국내의 양조용 포도밭을 부활시킬 엄두도 내지 못하여 외국산 와인을 일부 수입해서 브랜드화하는 경우가 많다. 이것은 국내산 포도가 어느 정도 기반을 잡을 때까지는 어쩔 수 없는 상황이다.

따라서 현 시점에서 우리 나라의 양조용 포도 재배 면적의 급격한 확장은 어려우나 꾸준한 연구와 노력으로 식용 포도의 한계를 극복하고 국산 와인에 대한 연구가 지속적으로 뒷받침된다면 1980년대의 영화를 다시 한 번 누릴 수 있는 시기가 올 수 있지 않을까 생각된다.

수입 와인

와인의 본고장은 유럽이기 때문에 와인의 소비가 늘면 거의 대부분을 수입에 의존할 수밖에 없다.

최근 몇 년 동안 와인 수입량은 꾸준한 증가세에 있다. 그러나 소비 증가를 예상해서 필요 이상으로 수입, 재고 압박에 시달리다 덤핑 처리하는 경우도 있었다. 이러한 현상은 1997년 IMF때 특히 두드러지게 나타났다. 규모가 큰 대형 업체들의 덤핑 공세로 규모가 영세한 수입 업체들은 견디지 못하고 파산하는 경우가 속출하였다.

시장의 논리상 어쩔 수 없는 일이라 생각은 되지만 현 시점에서 보면 수입 초기에는 고급 와인 위주의 고가 와인을 수입해 왔으나 시장이 극히 제한되어 중급 와인을 수입하는 쪽으로 방향을 선회하게 되었고, 중저가 시장을 놓고 치열한 경쟁을 하게 됨으로써 재고량이 늘게 되어 IMF와 같은 고이율 시대를 맞이 하면서 자본을 잠식하는 결과를 초래하지 않았나 생각된다.

어느 나라나 어려운 시대는 있다. 오늘날의 바람직한 수입 와인상의 모습은 소비자층을 고려한 특화된 상품을 갖추고 마시기 쉬운 가격대의 와인을 중심으로 소량의 선별된 고급 와인을 구색 갖추기 형태로 발전시켜 나가는 것이 바람직할 것이다.

각 국가별 수입 와인의 시장 전망을 보면

프랑스

지금까지 압도적으로 높은 시장점유율을 보여 왔으나 비싼 가격과 신흥 와인 생산국의 품질 좋은 저렴한 와인의 수입으로 그 비중이 점차적으로 감소될 것이다. 다만, 샴페인은 지금까지는 축배용으로 주로 사용되었으나 재인식 등으로 인하여 그 소비량이 늘어날 것으로 기대된다. 그리고 그랑 크뤼(Grand Cru) 와인의 소비와 남서부 지역의 중저가의 품질 좋은

다양한 와인의 소비가 꾸준히 신장할 것으로 보인다.

독 일

독일 와인의 프루티하고 신선한 단맛은 와인을 처음 마시기 시작하는 사람들에게는 아주 매력적이다. 최근 몇 년간은 소비가 잠시 주춤하였으나 와인에 친숙함을 느끼기 시작하는 계층을 중심으로 소비가 늘어날 것으로 기대된다. 시장 확대와 더불어 일반 소비자들에게 친숙한 와인으로 자리 잡아갈 것으로 보인다.

이탈리아

이탈리아 와인은 한국 음식과의 조화를 잘 이루면 앞으로 전망이 아주 밝을 것으로 기대된다. 또한 알코올이 강하고 프랑스만큼이나 다양한 와인을 생산하고 있고 가격대도 적당하기 때문에 소비가 지속적으로 늘어날 소지가 충분하다. 특히 이탈리아 남부산 와인의 잠재력이 기대된다.

스페인

아직은 셰리 정도만이 알려져 있으나 우수한 품질의 리오하 와인이 차츰 인식되면 가격면에서나 품질면에서 손색이 없다. 따라서 앞으로 스페인 와인도 지속적으로 성장하리라 본다.

캘리포니아

좋은 기후 조건에서 생산된 캘리포니아 와인은 이미 인기가 높다. 그러나 환율상승 등의 요인으로 높은 가격 때문에 시

장에서 차지하는 소비 비율이 조금 낮아질 것이다. 그러나 꾸준한 성장이 기대된다.

오스트레일리아

오스트레일리아의 주력 품종 와인을 중심으로 꾸준한 성장이 기대된다. 전문적인 지원정책과 마케팅을 한다면 성장의 소지가 아주 크다.

칠 레

신흥 와인 생산국 가운데 남미에서 가장 품질 좋은 와인을 생산하는 나라로 1980년대 이후에 최신 시설의 양조 설비와 과학적인 포도재배법으로 양질의 중저가 와인을 생산하고 있다. 가격면에서나 품질면에서 경쟁력이 아주 높다고 할 수 있다.

아르헨티나

칠레와 더불어 남미 와인의 대표적인 생산국가이다. 와인에 조금 익숙한 사람들이 부담없이 즐기기에 좋은 와인을 생산하고 있으며, 특히 여성들이 쉽게 친숙해질 수 있는 와인이 많아 앞으로 성장 가능성이 아주 높다고 할 수 있다.

신흥 와인 생산국들을 중심으로 한국의 와인 시장은 꾸준한 성장 잠재력을 가지고 있다. 국가 전체적인 경제규모와 국민적인 수준을 고려할 때 한국의 수입 와인 시장은 향후 30년 이상 성장할 가능성이 있다.

미래의 와인시장

현재까지는 대도시를 중심으로 와인의 소비가 이루어지고 있다. 더욱이 와인 소비의 대부분은 서울을 중심으로 한 수도권에서 전체의 50% 이상이 이루어지고, 나머지가 지방의 대도시에서 이루어지고 있다.

그리고 고급 와인의 대부분은 서울의 특급 호텔과 고급 레스토랑, 지방의 특급 호텔을 중심으로 소비가 이루어지고 있고, 중저가의 와인이 수도권과 일부 지방의 대도시에서 소비되고 있는 실정이다.

서울을 중심으로 한 수도권에서는 와인이 생활의 일부분으로 자리 잡아가고 있으나, 지방 도시에서는 제한적으로 서울의 평균소비자 가격보다 높은 가격의 와인이 팔리고 있는 실정이다. 결과적으로 지방의 일부 도시에는 이제서야 와인 소비가 시작되고 있음을 알 수 있다. 이러한 현상은 초기의 서울의 호텔과 고급 레스토랑에서 볼 수 있었던 현상이다. 와인 소비가 이루어지는 초기에는 반드시 일부의 유명한 와인 위주로 소비되다가 차츰 중저급 와인으로 다양하게 소비되는 쪽으로 바뀌게 된다. 이러한 미묘한 현상을 소비자에게 맡기면 크게 신장을 기대할 수가 없게 된다. 소비자는 기호 식품을 고르는데 불필요한 수고를 하기 싫어한다. 따라서 소믈리에와 주류 판매업자들이 노력해야 할 부분이 바로 이 부분인 것이다. 소비자의 취향에 맞게 와인을 추천하고 선택하여 주는 일 이것이 바로 다른 술에서는 느낄 수 없는 와인만이 가져다 주는 매력이다.

소비자의 기호에 맞는 상품을 준비하고 고객의 기호를 충분히 이해하고 권한다면 틀림없이 와인 소비는 늘어나고 수익도 오르게 될 것이다.

밥과 술의 궁합은 결코 잘 맞지 않으나 식생활이 급격하게 변화하고 있기 때문에 머지않은 장래에 적어도 현재 와인 소비의 20배까지는 그 소비가 늘어날 가능성은 충분하다. 이 시기가 되면 소비의 상당부분을 저가의 와인이 차지하게 될 것이다. 가격대 중심으로 사람들의 미각이 익숙해짐에 따라 드라이 와인의 비중이 늘어나게 되고 스위트 와인과 스파클링 175

와인의 소비도 함께 늘어날 것으로 생각된다. 그리고 품질이 낮은 와인은 소비가 줄어들게 되고 양질의 가격이 싼 와인 위주로 시장이 재편되어갈 것이다.

소믈리에와 주류 판매점의 점주들이 해야 할 일들 중에서 가장 중요한 것은 많은 와인들 가운데에서 양질의 와인을 고르고 그 와인을 고객의 기호에 맞게 권하는 일이다. 와인은 기호품이기 때문에 근소한 가격차이의 싼 와인을 고르기보다 비교하여 비싼 와인을 고르게 된다. 따라서 신용도가 중요하다. 취미로 와인을 마시는 사람들에게 가볍게 와인을 마실 수 있는 분위기와 적절한 가격, 그리고 판매자의 적절한 충고가 있을 때 비로소 와인을 즐기는 참맛을 느끼게 해줄 수 있는 것이다. 특히 와인은 매니아뿐만 아니라 여성들이 마실 수 있는 커뮤니티의 술로서 널리 즐길 수가 있는 것이다.

와인을 취급하고 판매하는 사람의 중요한 마음가짐

1. 와인에 대한 기초적인 지식을 확실하게 익혀 고객의 취향과 가격대에 맞는 와인을 권할 수 있는 조언자가 되어야 한다. 와인은 종류가 많고 성격이 아주 다양하기 때문에 어떤 사람에게라도 맞는 와인이 있음을 인지하고 골라줄 수 있도록 해야 한다.

2. 와인은 다양성을 지니고 있기 때문에 같은 이름의 와인이라도 품질이 다르다. 따라서 근소한 차이의 가격에 현혹되지 말고 신용있는 생산자와 네고시앙을 선택하는 것이 중요하다.

3. 와인의 가격은 수요와 공급의 원칙에 의해 결정된다. 개성이 확연한 와인은 그 가치를 인정하는 사람이 있기 때문에

고가로 판매되는 것이다. 그러나 그 와인의 가치를 모르는 사람에게는 그 와인의 높은 가격이 이해가 되지 않을 것이다. 와인의 품질은 가격에 비례하는 것이 아니라 와인의 개성에 대한 평판에 비례한다.

　4. 와인은 마시는 타입도 여러 가지이기 때문에 그것에 맞추려는 자세가 필요하다. 장기간 저장하는 타입의 와인은 관리가 좋으면 오랜 기간이 경과하여도 변하지 않고 오히려 맛이 좋아지는 것이 많으나, 관리가 나쁘면 단기간에 맛이 변하는 경우도 있다. 이러한 성질을 잘 파악하여 최상의 상태로 보관하는 것이 좋다.

　가장 좋은 상태의 와인을 손님에게 전달해야 하는 것이 와인 판매자의 의무이며, 이렇게 쌓은 신뢰는 판매고를 향상시킨다.

　5. 와인의 큰 특징 중 하나는 포도의 색, 형태, 생산지 등의 풍부한 분위기에 있다. 기호품은 모든 분위기에 영향을 받기 때문에 이러한 분위기를 소중히 손님에게 전한다.

오스피스의 신주(新酒)경매

부르고뉴 지방에서는 매년 11월 제3 일요일에 경매가 열린다. 경매에 부쳐지는 와인은 오스피스에 소속된 밭에서 매년 생산되는 24종의 레드 와인과 8종의 화이트 와인이다.

경매 방식은 매우 특이하여 한 개의 양초에 불을 붙여 놓고 이 양초가 다 타기 전까지를 유효 경매 시간으로 정하고 있다. 따라서 촛불이 꺼지는 순간에 낙찰가를 부른 사람이 낙찰시킬 수 있게 된다.

참가자격은 바이어와 네고시앙으로 제한하고 있는데, 최초의 술통을 정해놓고 파트리아슈 가(家)에서 낙찰시킨다고 한다.

경매 수익금은 오스피스 양로원의 운영자금으로 사용되며, 이 때 경매에서 낙찰된 와인은 낙찰가가 곧 그 와인의 가격으로 결정되어 같은 등급의 와인보다도 비싸게 거래된다.

덧붙이는 글

와인 상표 읽는 법
소믈리에 대회
필기시험 출제유형
협력업체

와인 상표 읽는 법

와인 숍 또는 레스토랑에서 근무하는 종업원의 경우도 마찬가지로 와인의 상표를 읽는 것에 대한 어려움을 호소하는 경우가 많다. 하물며 현장에서 근무하는 이들까지 이러한데 일반인들은 오죽하겠는가?

누구나가 한번쯤은 이러한 어려움을 경험했을 것이라고 생각된다. 모처럼의 기회에 누군가에게 선물을 하려고 할 때, 중요한 석상에서 식사와 함께 와인을 주문할 때의 어려움은 말로 다 설명할 수가 없었을 것이다. 필자에게도 연말이나 명절이 다가오면 항상 와인 선물에 대한 문의가 들어오곤 하였다. 따라서 이번 기회에 와인을 고르는 데 어려움을 겪었던 사람들과 현장에서 근무하는 사람들의 고충을 덜어주는 취지에서 와인을 생산하는 세계 여러 나라 가운데 대표적인 와인 생산국가들의 와인 상표 읽는 법을 소개하고자 한다.

와인을 쉽게 고르기 위해서는 우선 그 와인의 이력서라고 할 수 있는 상표를 이해하는 것이 가장 중요하다. 국가별로 의무적으로 기재해야 하는 사항이 규정되어 있어 와인의 상표를 자세히 보면 와인의 생산지역이라든가 수확 연도, 제조방법, 제조회사, 등급, 알코올 함유량과 원료 포도 등을 알 수가 있다.

물론 국가별로 의무기재 사항과 임의기재 사항이 약간씩은 다르지만 원론적으로 크게 다르지는 않다. 왜냐하면 세계에서 가장 체계적이고 세밀하게 와인법을 적용하고 있는 프랑스의 와인법을 기본으로 하여 그 표기법이나 규제내용을 모방하여 자국에 맞게 만들어 적용하고 있기 때문이다. 각 국가별 상세한 법률적인 사항은 김진국과 같이 배우는 와인의 세계 시리즈 2권에서 자세히 설명하고 있기 때문에 여기서는 기본적인 사항과 쉽게 이해할 수 있도록 상표의 기재사항을 풀어서 설명하도록 하겠다. 와인의 상표에 기재된 사항들을 자세히 보면 표기의 공통점을 찾을 수 있는데 일반인들이 가장 혼동하기 쉬운 부분은 바로 임의기재 사항이 많기 때문이다. 임의기재 사항은 법적으로 규정하고 있는 사항 외에 자신의 상품을 돋보이게 하고자 하는 의도로 임의적으로 기록하고 있는 조항들이다. 이것은 강제조항이 아니므로 크게 신경을 쓰지 않아도 되는 부분이다. 따라서 간단한 법칙만 터득하게 되면 와인을 고르는 일이 결코 어렵지가 않다. 부디 필자의 설명이 독자 여러분들의 어려움을 해소하는 데 조금이나마 도움이 되기를 바란다.

일반적인 와인 상표의 형태(1)

와인의 등급 — [GRAND VIN DU MÉDOC] [CRU BOURGEOIS]

임의기재 사항

와인명 — CHATEAU REVERDI

수확 연도(Vintage) — [1995]

생산지역명 — [LISTRAC·MEDOC]

원산지통제법(AOC)규정을 통과하였음을 나타냄 — [APPELLATION LISTRAC-MÉDOC CONTRÔLÉE]

샤토에서 병입 — [MIS EN BOUTEILLE AU CHATEAU]

CHRISTIAN THOMAS
PROPRIÉTAIRE À LISTRAC-MÉDOC 33480 · FRANCE
PRODUCE OF FRANCE
L. 97.01

병입자 주소

알코올 함유량 — [12,5 % vol.]

용량 — [75 cl]

№ 091514

임의기재 사항

이 와인은 프랑스 보르도 지방의 메독지구의 리스트락 메독 마을에서 1995년에 수확한 포도로 발효에서 병입에 이르기까지의 모든 과정이 샤또 내에서 이루어진 와인임을 알 수 있다. 상표에 기재된 내용으로 보아 이 와인의 이름은 샤또 르브르디(Chateau Reverdi)이며 등급은 크뤼 부르주아(Cru Bourgeois)이고 알코올 함유량이 12.5%이다. 그리고 셀라 마스터(Cellar Master) 크리스티앙 토마스(Christian Thomas)가 수확에서부터 모든 과정을 관리했음을 알 수 있다.

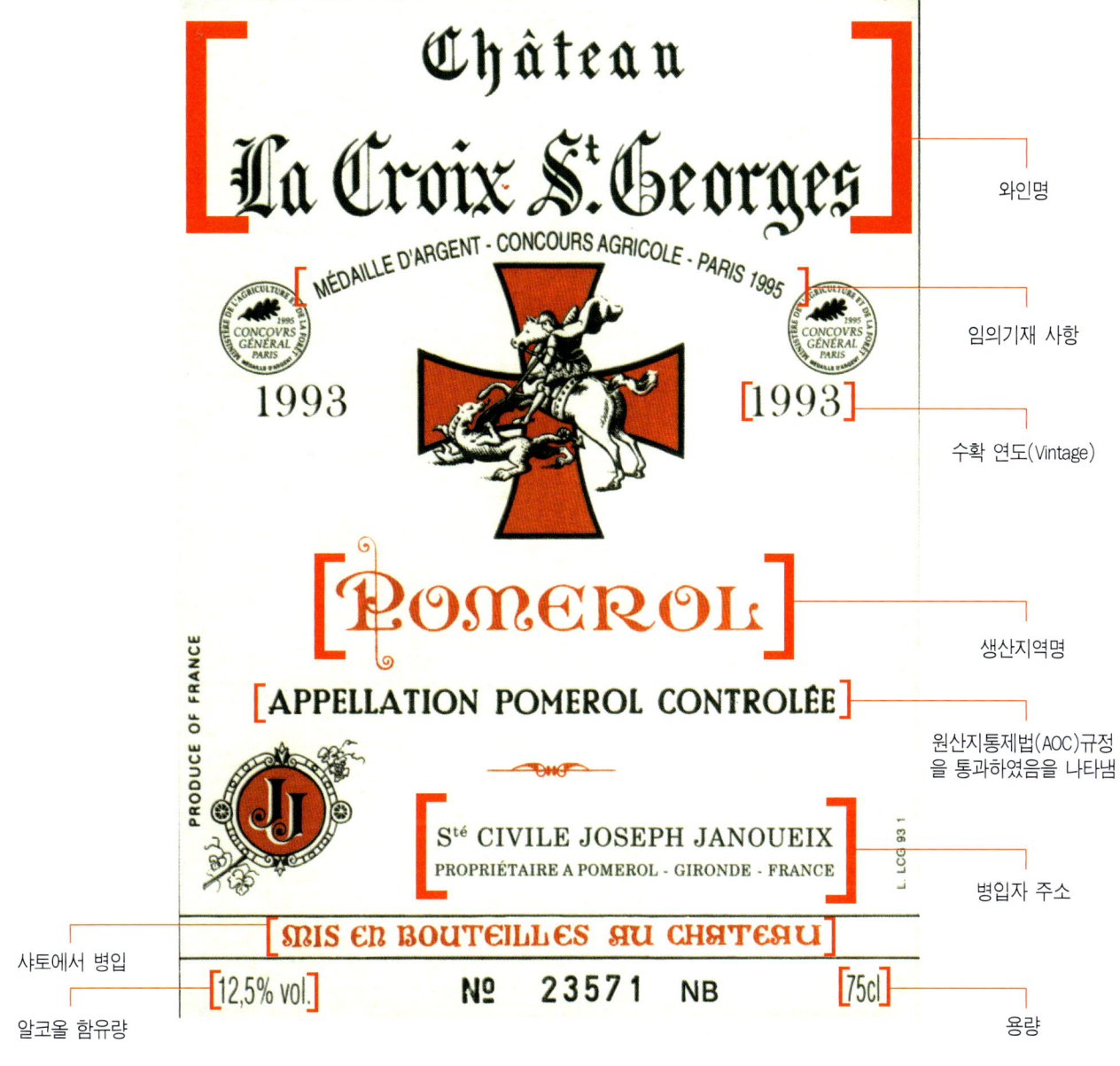

앞의 예와 같은 형태의 표기를 한 와인으로 이 와인의 이름은 샤토 라크로와 생조르주(Chateau La Croix St. Georges)이며 보르도의 포메롤 지구에서 1993년에 수확한 포도로 만든 와인이다. 수확한 포도원에서 병입까지 이루어진 와인이고 12.5%의 알코올을 함유하고 있으며 1995년 파리 와인 품평회에서 금메달을 수상한 와인임을 자랑하고 있다.

S^{té} CIVILE JOSEPH JANOUEIX이 병입까지의 과정을 관리했음을 알려주고 있다.

프랑스 보르도 지방은 부르고뉴 지방에 비해 재배 규모가 커서 그 한정범위가 명확하다. 이것은 단위당 포도재배 면적이 넓고 규모가 크기 때문에 지역한정이 확연하게 구분된다. 대개의 경우 포도원의 소유자가 포도 수확에서 병입에 이르기까지의 과정을 직접 함으로서 기재사항이 좀더 덜 복잡해지게 된다. 따라서 상표의 기재내용이 깔끔해 보일 정도로 한눈에 들어오게 기재되어 있는 것이 특징이다.

일반적인 상표의 형태

위의 상표는 가장 기본적인 부르고뉴의 와인 상표의 예이다. 부르고뉴 지방의 와인 상표의 특징은 지역명이나 특정 포도원명, 그리고 포도품종이 와인명으로 사용되는 경우가 있다. 위의 와인의 경우는 지역명이 와인명으로 사용된 경우로 푸이이 휘세(Pouilly-Fuissé)는 지역명인 동시에 와인명이 된다. Chanson Pere & Fils라는 네고시앙(주상)에 의해서 병입이 된 와인이다. 이런 형태의 와인들은 지역 내의 여러 포도원으로부터 포도를 사들여 네고시앙이 직접 와인을 만들어 판매하는 경우이므로 특정 포도원의 이름을 붙이지 않는다.

포도원 명
（Domaine 명）

와인명/지역명

원산지통제법(AOC)규정
을 통과하였음을 나타냄

알코올 함유량

주상에서 병입

용량

    이와 같은 와인을 도메인(Domaine) 와인이라고 하는데, 이것은 특정 포도원의 포도만을 사용하여 와인을 만들기 때문에 포도원명의 표기가 가능하다. 따라서 앞에서 설명한 일반적인 형태의 와인 상표보다 개성이 더욱 뚜렷하다고 할 수 있다. 이 와인의 이름은 레 아르펭 데올 샤토네프 뒤 파프(Les Arpents d' Eole Chateauneuf du Pape)이고 병입 및 판매자가 Chanson Pere & Fils가 되는 것이다.

    부르고뉴 지방은 보르도 지방과 달리 포도의 단위 재배 면적이 아주 좁고 규모가 영세하기 때문에 대부분의 경우 포도원의 소유자와 와인을 양조, 병입하는 사람이 달라서 기재 사항이 보르도 지방에 비해 복잡해질 수밖에 없다. 풀어서 이야기하면 부르고뉴 와인은 상표의 의무기재 사항이 많아질수록 개성이 뚜렷해진다고 할 수 있다.

3. 독일 와인

아마도 일반인들이 가장 부담스러워하는 것이 독일 와인의 상표일 것이다. 이유는 첫째, 상표를 읽어보기도 전에 그 복잡함에 질릴 것이고, 둘째 독일어에 대한 두려움 때문일 것이다. 그러나 두려움을 버리고 자세히 관찰한다면 다른 어느 국가의 와인보다도 내용의 기재가 상세하게 되어 있음을 알 수 있을 것이다. 독일이나 프랑스 모두 역사와 전통을 중요시하는 나라이다. 그러나 독일은 프랑스에 비해 상당히 현실적으로 등급을 매기고 있음을 알 수 있다. 등급을 매기는 방식에 있어서 프랑스는 산지의 개성을 중요시하여 그 개성에 대한 등급이 주어지는 반면에 독일은 수확시의 천연당분 함유량이 등급 결정에 중요한 역할을 한다. 이것은 독일의 지역적인 특성상 포도 재배의 북방한계선에 위치해 있어 언제나 포도의 천연당도가 염려되기 때문이다. 따라서 독일 와인은 프랑스와 달리 한 번 등급이 매겨진 것이 좀처럼 바뀌지 않는 것이 아니고 거의 매년 작황에 따라 등급의 변화가 생기는 것이다.

나에 와인

와인의 등급군(QmP)

지역명

수확 연도(Vintage)

사용된 포도의 등급

특정지구의 포도원명

포도 품종

와인의 타입(Dry)

용량

알코올 함유량

생산지 주소

와인 품질 인증번호

독일 와인의 경우는 등급이 높은 와인일수록 와인명이 길어지는 것이 특징이다. 이것은 프랑스 부르고뉴 지방의 경우와 비슷하게 상세한 부분까지 자세하게 기록되기 때문이다. 긴 와인명을 자세히 관찰해보면 특정지구의 포도원에서 나온 원료포도의 품종과 그 포도의 수확시에 결정되는 포도의 천연당도에 의한 등급, 그리고 그 포도로 만든 와인의 타입까지 합쳐져서 하나의 와인명으로 되는 것이다. 따라서 독일 와인은 이름만으로도 와인의 이력을 알아낼 수 있다.

앞에서 예를 든 와인의 이름은 나에 지방의 1997년산 켈덴텔러 로젠테이히 리슬링 카비네트 트로켄(Guldentaler Rosenteich Riesling Kabinett Trocken 1997)이 된다. 이것을 풀어보면 나에 지방의 켈덴텔러 지구의 로젠테이히 포도원에서 수확한 카비네트 등급의 리슬링으로 만든 드라이 타입의 와인이 된다.

프랑켄 와인

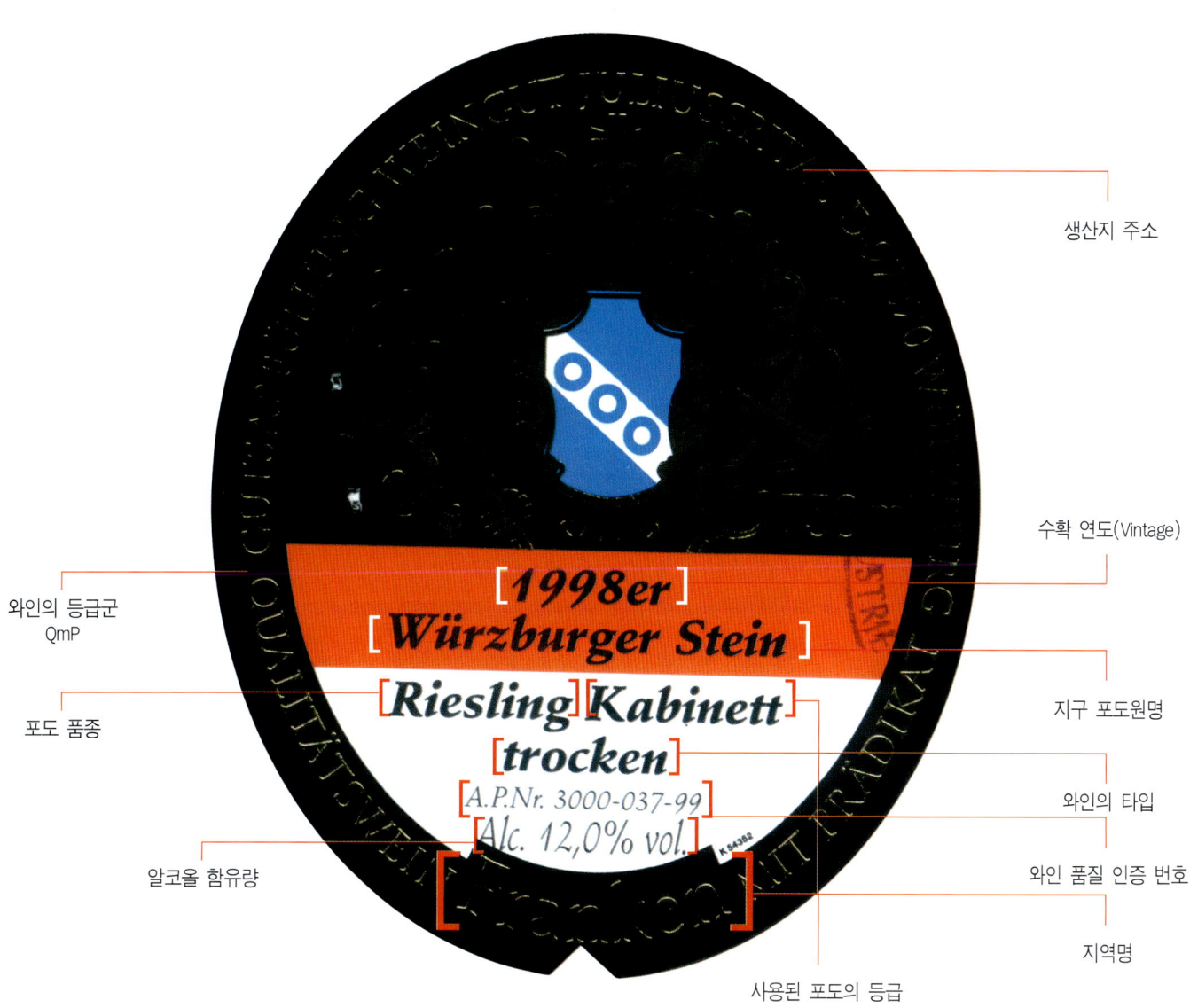

이 와인 역시 프랑켄 지방의 뷔츠부르크(Würzburger) 지구의 스테인(Stein) 포도원에서 수확한 카비네트 등급의 리슬링 포도로 만든 와인으로 드라이 타입의 와인이다. 와인명 역시 앞의 예와 같은 방식으로 부르면 된다.

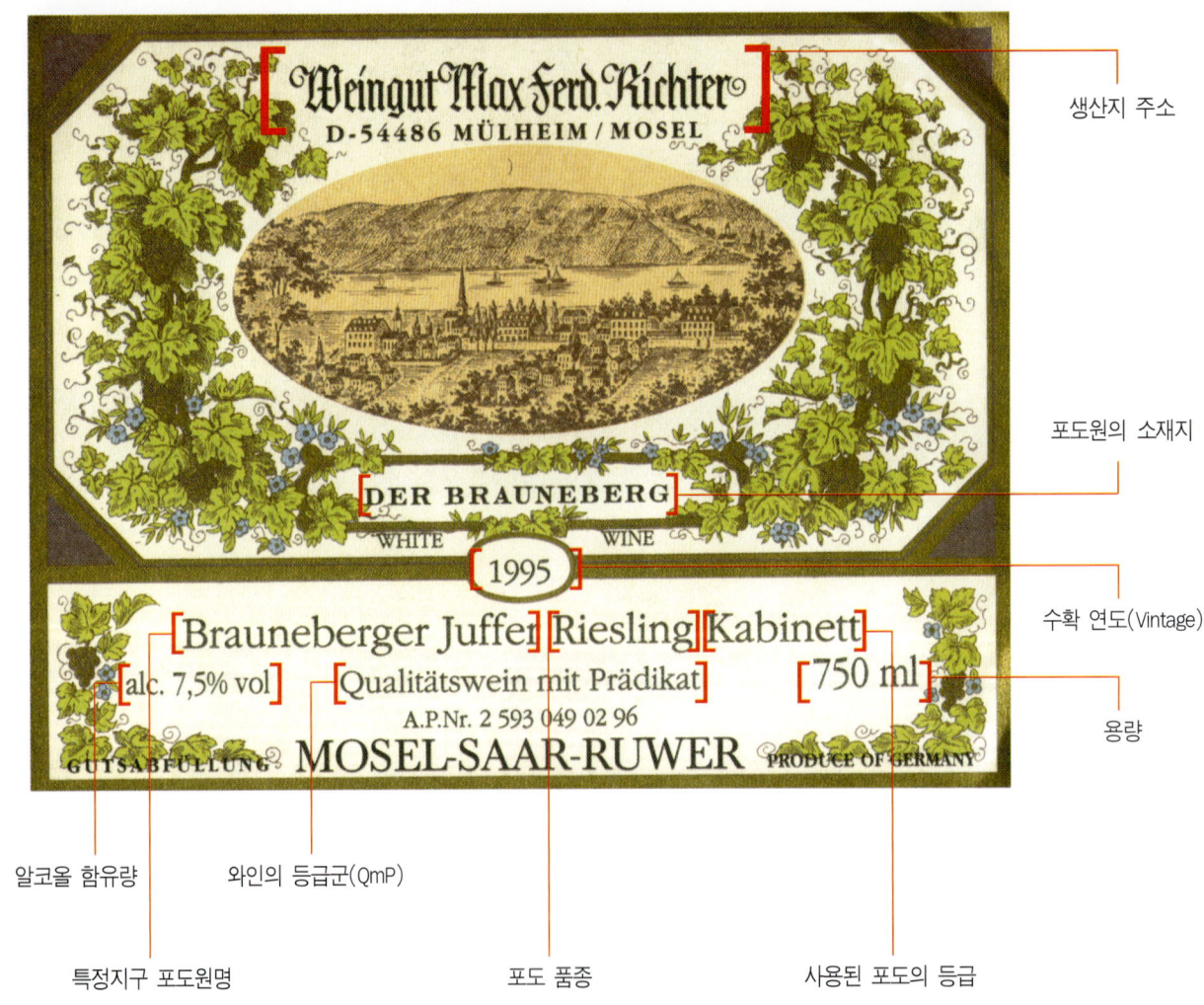

생산지 주소

포도원의 소재지

수확 연도(Vintage)

용량

알코올 함유량

와인의 등급군(QmP)

포도 품종

사용된 포도의 등급

특정지구 포도원명

독일 최고의 와인 생산지로 불리는 모젤 - 자르 - 루베르의 카테고리 안에 있는 부라우네베르그(Brauneberger)의 주페르(Juffer) 포도원에서 수확한 카비네트 등급의 리슬링으로 만든 와인이다.

4. 이탈리아 와인

주상과 포도원이 강조된 형태

주상

포도원명

세부적인 지역

포도재배 지방

생산자 회사

알코올 함유량

원산지통제법(DOCG)규정을 통과하였음을 나타냄

수확 연도(Vintage)

용량

이 와인의 경우는 주상과 포도원이 강조되어 일반인들로 하여금 와인명으로 착각할 소지가 있는 형태의 상표이다. 그러나 이것은 와인명과 함께 특별히 주장하고 싶은 것을 강조한 형태의 상표이다. 이 와인의 이름은 산자코포 다 빅치오마지오 키안티 클라시코 1998 (San Jacopo Da Vicchiomaggio Chianti Classico 1998)이 된다. 이것을 풀어보면 키안티 지방의 클라시코 지역에 있는 산자코포 회사 소유의 빅치오마지오 포도원에서 1998년에 수확한 포도로 만든 와인이라는 뜻이다.

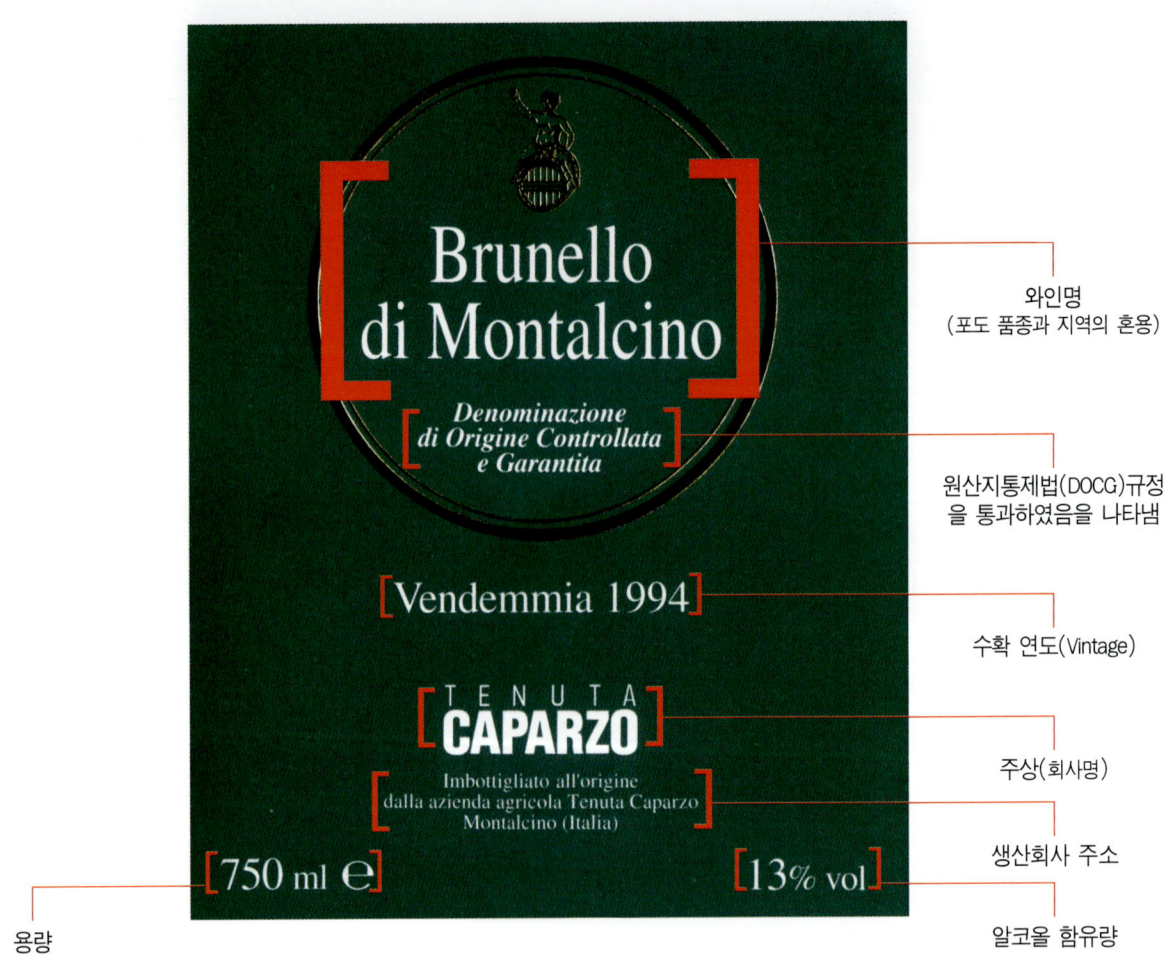

Brunello
di Montalcino

Denominazione
di Origine Controllata
e Garantita

[Vendemmia 1994]

TENUTA
CAPARZO

Imbottigliato all'origine
dalla azienda agricola Tenuta Caparzo
Montalcino (Italia)

750 ml ℮   13% vol

와인명
(포도 품종과 지역의 혼용)

원산지통제법(DOCG)규정
을 통과하였음을 나타냄

수확 연도(Vintage)

주상(회사명)

생산회사 주소

알코올 함유량

용량

이 와인은 포도 품종과 지역이 함께 사용되어 와인명이 된 경우이다. 이 와인명은 브루넬로 디 몬탈치노(Brunello di Montalcino)이다. 이것은 테누타 카파르조사에서 몬탈치아노 지역의 1994년에 수확한 브루넬로 품종으로 만든 와인이다.

이탈리아 와인도 상표를 자세히 보면 그 와인에 대한 정보를 어느 정도까지는 얻을 수 있다. 그러나 이탈리아 와인에 있어서 이해하기가 가장 어려운 부분은 가끔씩 법률이 정한 최상급의 와인이 아닌데도 불구하고 그 가격이 최상급의 몇 배를 호가하는 경우가 있다. 최근에 들어서면서 이러한 사항들은 많이 정리되어가고 있으나 아직도 그 현상이 남아 있다.

5. 스페인

일반적인 와인

양조소명

와인명(지역명)

숙성 연한

알코올 함유량 및 용량

원산지통제법(DOC)규정을
통과하였음을 나타냄

수확 연도(Vintage)

양조소의 주소

이 와인의 경우는 양조소명이 와인명으로 된 경우로 스페인에서만 볼 수 있는 와인 표기법이다. 따라서 이 와인의 명칭은 1996년산 란 리오하 레세르바(Lan Rioja Reserva 1996)가 된다.

이것을 풀어보면 리오하 지방에서 수확된 포도로 란 양조소에서 3년 이상 숙성시켜서 만든 와인이라는 뜻이 된다.

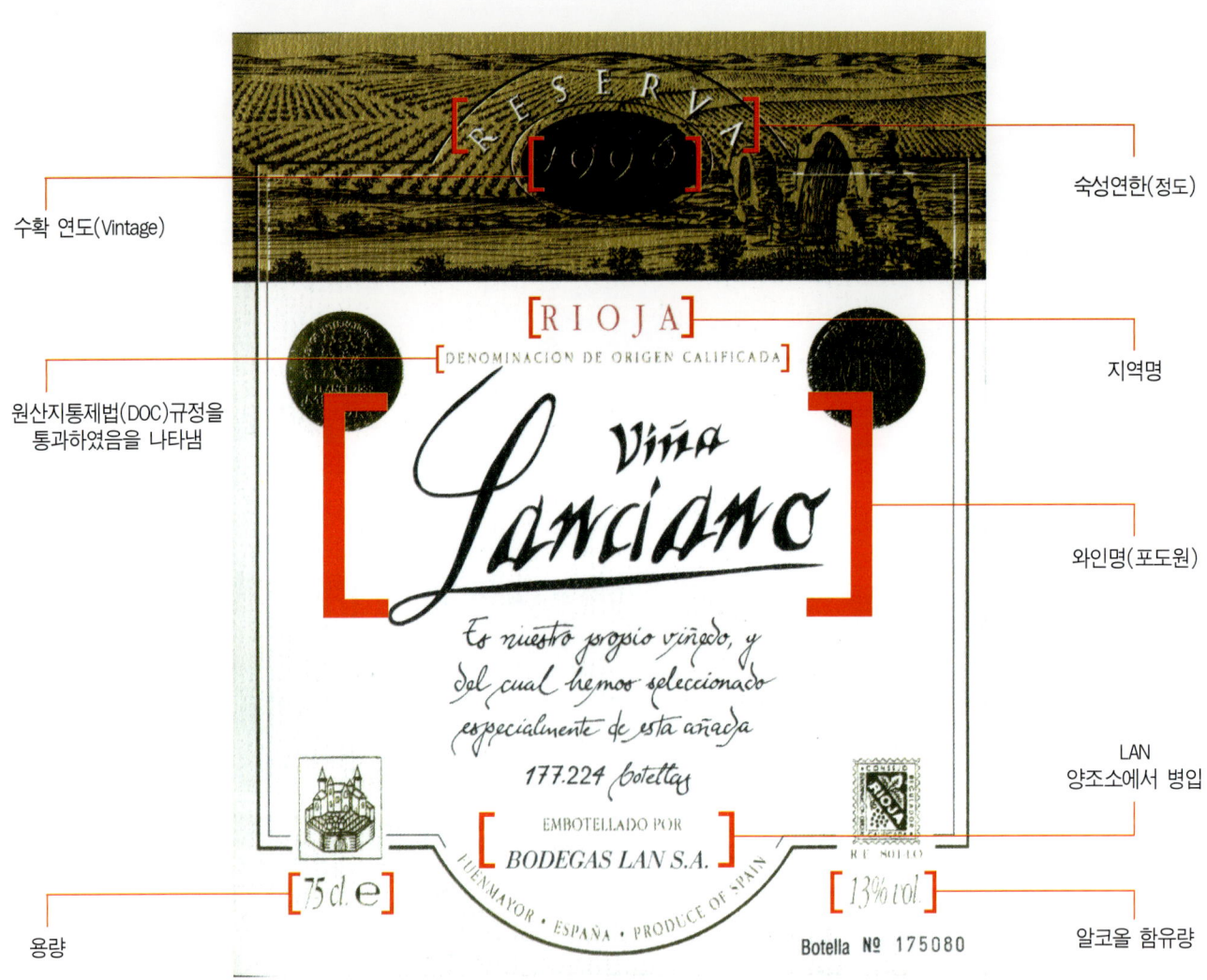

수확 연도(Vintage)

숙성연한(정도)

원산지통제법(DOC)규정을
통과하였음을 나타냄

지역명

와인명(포도원)

LAN
양조소에서 병입

용량

알코올 함유량

이것은 란 양조소 소유의 특정지역의 포도원에서 생산된 와인으로 와인명은 비냐 란치아노(Viña Lanciano)가 된다. 이 와인은 비냐 란치아노 포도원에서 수확한 포도를 란 양조소에서 3년 이상의 숙성을 거쳐 병입한 1996년산 리오하 지방의 와인이다.

스페인도 프랑스와 비슷한 규정이 있지만 그 성격이 크게 다르다. 규제 내용은 프랑스와 거의 비슷하지만 스페인 와인의 특징은 모든 와인이 정해진 용량(225L)의 오크 통에서 최저 2년간 숙성시킬 것을 요구하고 있다. 그리고 수출되는 와인은 연산 7,500Hal 이상의 양조소에만 허가되므로 우리가 볼 수 있는 스페인 와인들은 스페인에서 규모가 큰 38개의 지정 양조소에서 생산된 와인이다. 따라서 Bodegas ~ 라고 표시된 양조소의 인지도가 그 와인을 평가하는 잣대가 된다.

6. 칠레 와인

일반적인 형태의 상표

포도원명/와인명

수확 연도

원산지 통제명칭 D.O.를 나타냄

용량

포도 재배와 병입이 소유자 회사에 의해 이루어짐

알코올 함유량

포도 품종

이 와인은 샌타모니카 소유의 포도원에서 메를로 포도를 직접 재배하고 양조하여 병입한 와인이다. 따라서 와인명은 1997년산 샌타모니카 메를로가 된다.

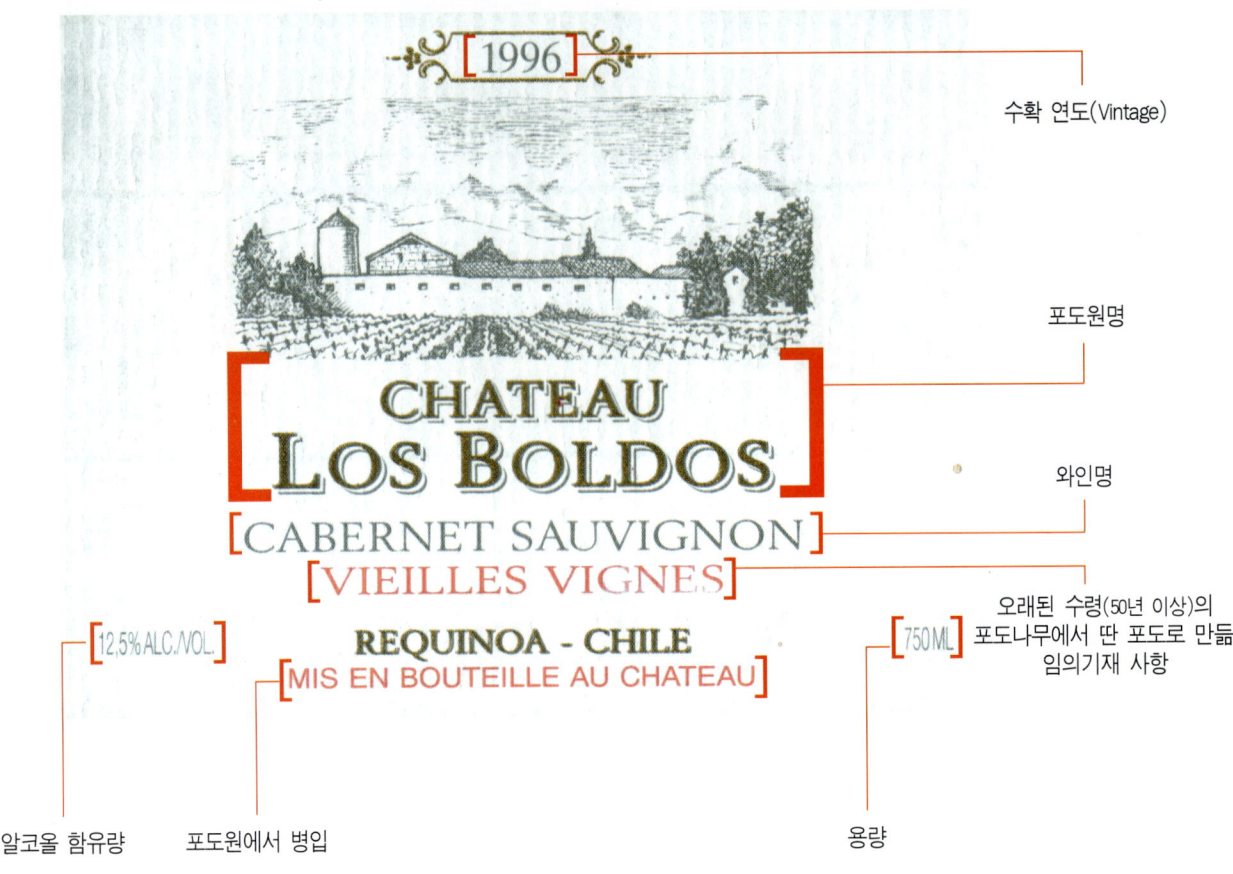

위의 경우는 프랑스에서 가끔 사용하는 임의기재 사항을 모방하여 상표에 표기하고 있다. 이것은 와인의 품질에 대한 보충설명의 성격을 띠는 것으로 비에이으 비느(Vielles Vignes)라는 것은 오래된 수령(50년 이상)의 포도나무에서 자란 포도로 와인을 만들었다는 뜻이다. 이것은 사람에 비유해볼 때 젊었을 때는 기운이 넘치고 활기가 차며 거칠지만 나이가 들면 은근한 깊은 맛이 있는 것과 같이 와인도 수령이 오래된 나무에서 수확한 포도로 만들면 풍미가 깊고 다양해진다. 따라서 이 와인은 샤토 로스 발도스(Chateau Los Boldos) 포도원에서 수령이 오래된 나무에서 자란 1996년산 카베르네 소비뇽으로 만든 와인이라는 뜻이다.

칠레는 프랑스식 표기법이나 미국식 표기법을 혼용하여 사용하는 국가이다. 따라서 프랑스 와인 상표 읽는 법을 완전히 익히면 미국식 표기법은 이해하기가 쉽다. 신흥 와인 생산국들의 공통된 특징은 와인 상표의 표기가 비교적 간단하여 소비자들이 쉽게 알아볼 수 있도록 되어 있다는 점이다.

포도원명

수확 연도(Vintage)

와인명

지역명

포도원에서 병입

알코올 함유량

캘리포니아 와인도 법률적으로 규정하고 있는 내용이 프랑스의 것과 근본적으로 크게 다르지 않다. 그러나 표기법에 있어서는 쉽게 알아볼 수 있게 기재되어 있어 와인의 이력을 파악하는 것이 별로 어렵지 않다.

기본형태

와인명(양조소)

포도 품종

지역 내 양조소에서 병입

포도 수확 연도

알코올 함유량

용량

    미국식 표기법과 같이 신흥 와인 생산국의 경우는 포도원 또는 양조소명과 포도 품종이 합쳐져서 와인명을 이룬다. 따라서 이 와인의 명칭은 2000년산 트라피쉐 소비뇽 블랑(Trapiche Sauvignon Blanc 2000)이 된다. 이 와인은 멘도사 지역의 포도원에서 수확한 소비뇽 블랑을 지역 내에 있는 트라피쉐 양조소에서 병입한 와인이다.

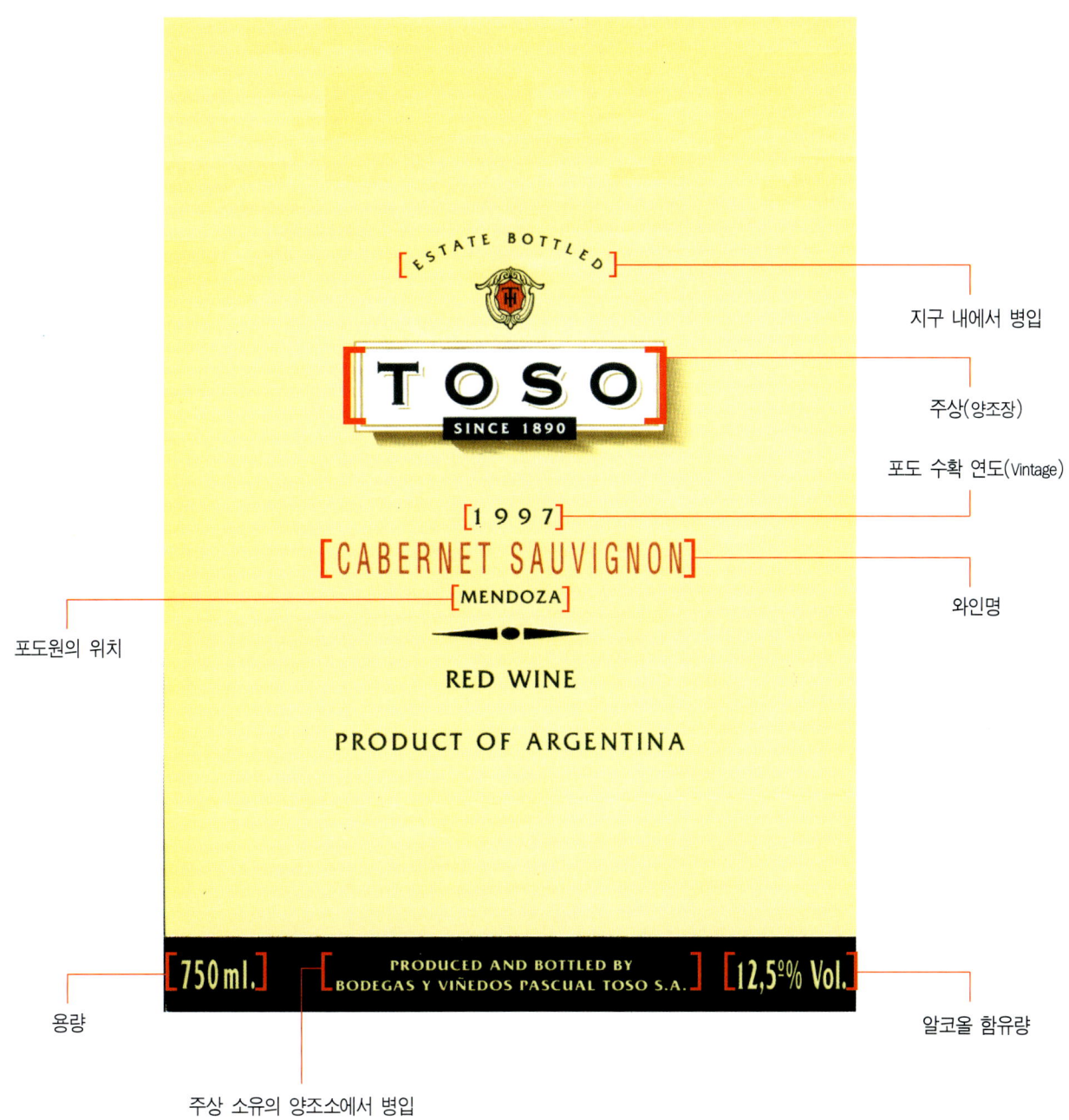

아르헨티나 와인은 표기법에 있어서 풀어서 나열하는 위치의 차이가 있을 뿐 캘리포니아의 표기법과 다르지 않다. 오히려 캘리포니아 와인 표기법보다 간단하다고 할 수 있다.

일반형

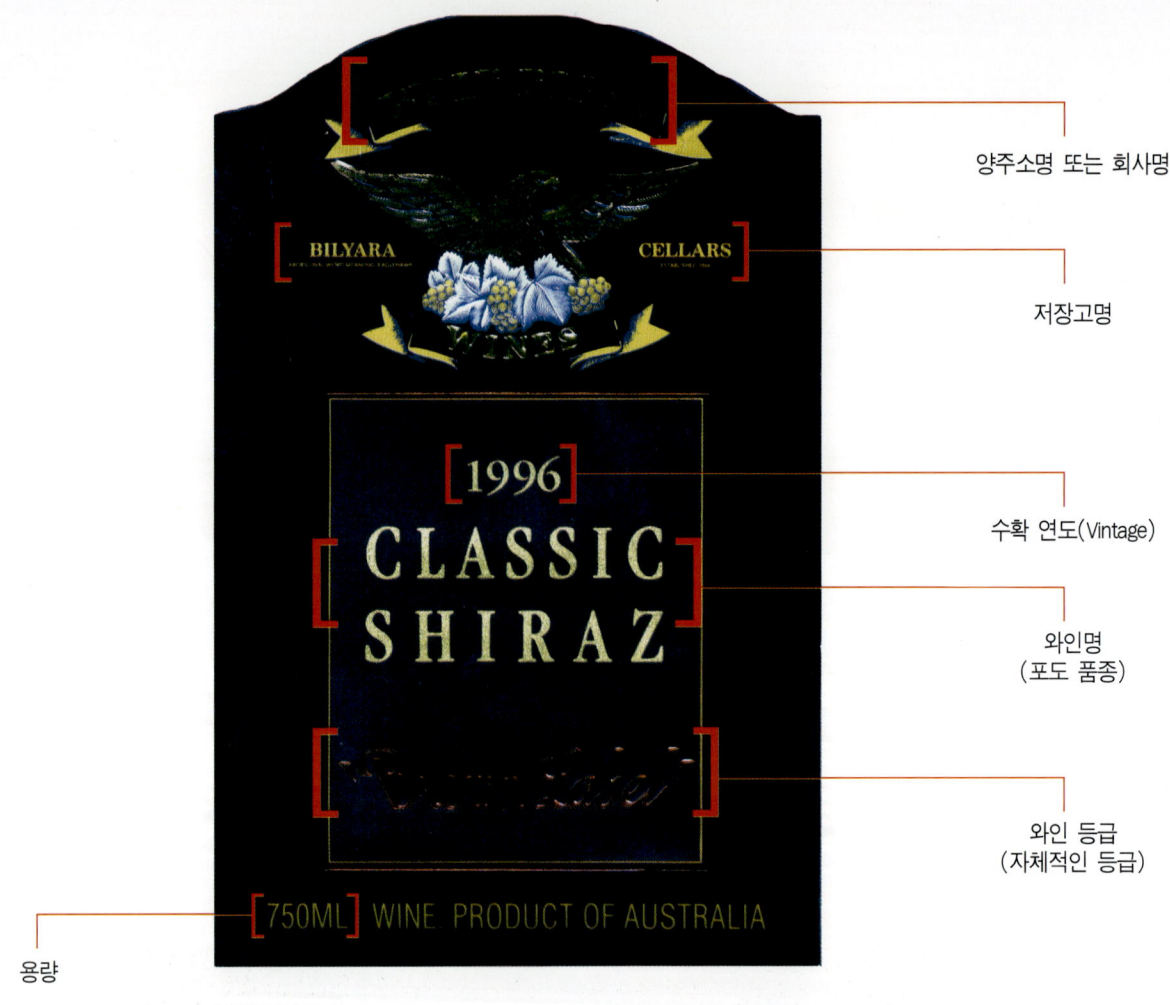

양주소명 또는 회사명

저장고명

수확 연도(Vintage)

와인명
(포도 품종)

와인 등급
(자체적인 등급)

용량

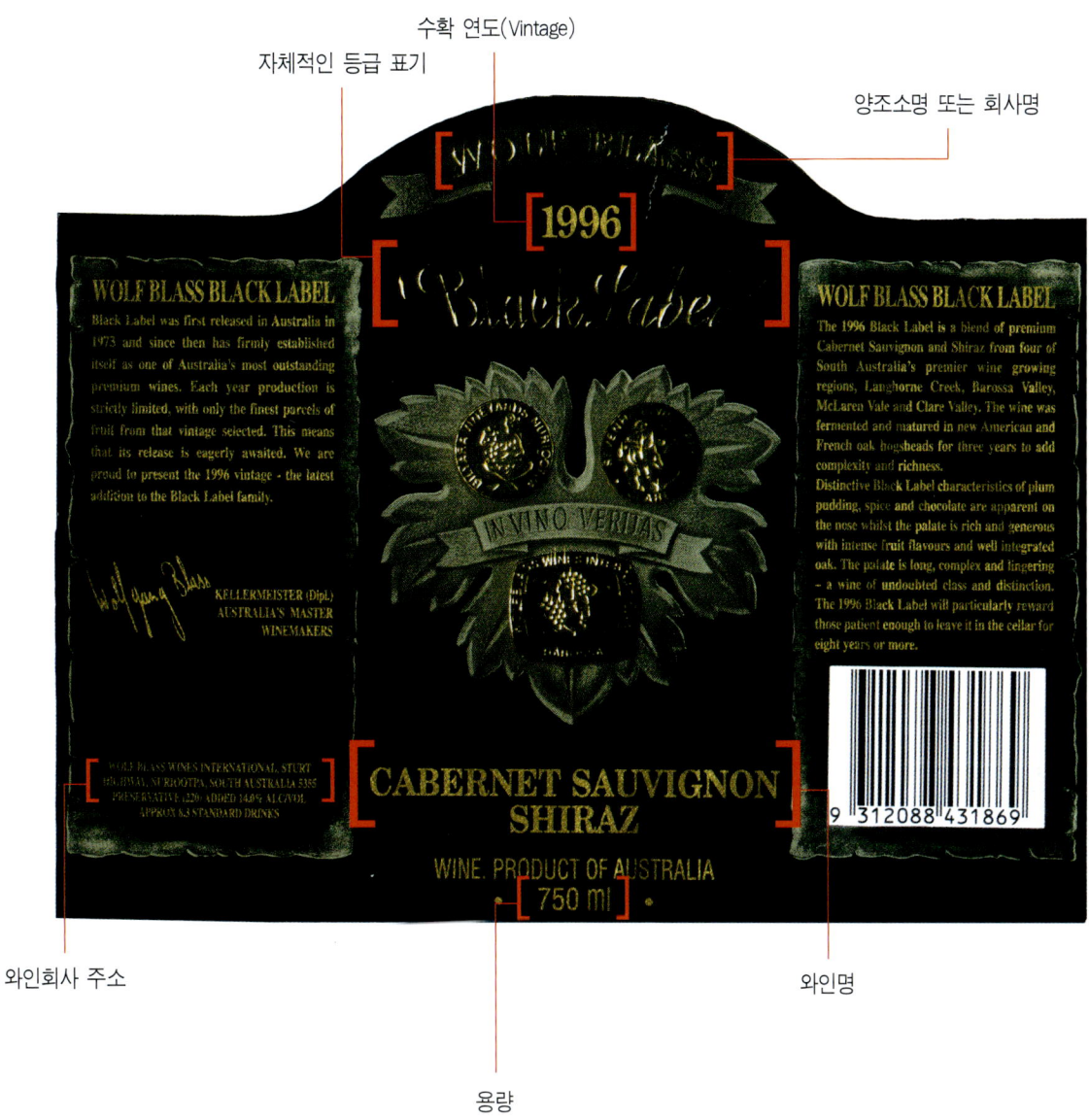

수확 연도(Vintage)

자체적인 등급 표기

양조소명 또는 회사명

와인회사 주소

와인명

용량

거의 모든 신흥 와인생산국에서 볼 수 있듯이 표기법이 약간씩 혼용되어 사용되고 있음을 알 수 있다. 오스트레일리아 또한 나름대로의 등급 표기법을 혼용하여 사용하고 있다. 그러나 가장 큰 특징은 포도 품종을 와인명으로 채택하고 있다는 점이다. 품종명이 작게 표기되어 있어도 와인명은 대부분 표기된 품종명이 되고 거기에 어느 포도원에서 생산된 것인가, 양조한 회사명순으로 나열하여 판단하면 되는 것이다.

소믈리에 대회 필기시험 출제유형

1. Blanc de Noir에 대한 설명 중 올바른 것은?

   ① 청포도로 만든 백포도주   ② 흑포도로 만든 백포도주

   ③흑포도로 만든 적포도주   ④ 청포도와 흑포도로 만든 백포도주

2. Cepage de Cuvee란?

   ① 포도 품종이라는 뜻이다.   ② 양조용 포도 품종이라는 뜻이다.

   ③ 특별히 만든 와인을 뜻한다.   ④ 포도로 만든 와인을 뜻한다.

3. 다음 중 Alsace 지방 고유의 품종을 조합하여 만든 상급와인은?

   ① Edelfolle   ② Edelvaise   ③ Edelzwicker   ④ Noble Rot

4. Beaujolais 지방에서 주로 사용하는 양조법으로 신선함을 최대로 살려서 양조하는 특수한 방식은?

   ① Fermentation   ② Vinification   ③ Maceration Carbonique   ④ Maceration a Chau

5. 알코올에 의해 벨벳 같은 느낌을 주는 부드럽고 감미가 있는 와인에 쓰이는 시음 용어는?

   ① Apre   ② Silky   ③ Mousse   ④ Moelleux

6. 다음 중 한사람이 소유하고 있는 포도원을 나타내는 말은?

   ① Chateau   ② Negociant   ③ Coortier   ④ Monople

7. 프랑스 Sauterne 지방에서 생산되는 특별한 와인을 만드는 포도에 부착되어 활동하는 곰팡이는?

   ① Pourriture Noble   ② Pourriture Gris   ③ Angels Share   ④ Botrytis Cinerea

8. Tate de Cuvee에 대한 설명으로 올바른 것은?

   ① Bordeaux 원산지표시   ② Bourgogne 통제상품

   ③ Bordeaux 통제상품의 최상급   ④ Bourgogne 통제상품의 최상급

9. Brandy의 숙성과정중에 증발하여 없어지는 연간 약 3%의 양을 무엇이라고 하나?

   ① Angels Share   ② Distilation   ③ Angels Fly   ④ Air Share

10. France Champagne 지방 외에서 생산되는 Sparkling Wine의 명칭은?

   ① Vin Moelleux   ② Vin Rouge   ③ Vin Gris   ④ Vin Mousseux

11. 다음 중 Red Wine의 색을 결정하는 성분은?

① Tannin   ② Anthocyan   ③ Mathilalcool   ④ Glycerin

12. 포도를 압즙하지 않고 얻어지는 주스를 무엇이라고 하는가?

① Jus de Goutte   ② Jus de Cuvee   ③ Jus de Gris   ④ Jus de Press

13. 다음 중 Armagnac 지구의 원산지 통제 포도 품종이 아닌 것은?

① Folle Blanche   ② Uni Blanc   ③ Colombard   ④ Chardonnay

14. 다음은 Bordeaux 지방에서 생산되는 레드 와인용 품종에 대한 설명이다. 이 설명에 맞는 품종은?

> 색이 진하고 타닌의 함량이 높은 품종으로 진흙 냄새를 머금은 연푸른 피망과 같은 향기를 지닌다. 장기 숙성용 와인에 적합한 품종으로 숙성이 덜 되었을 때는 거칠고 힘이 넘친다.

①Cabernet Sauvignon   ②Cabernet Franc   ③Merlot   ④Petit Verdot

15. Bordeaux 지방의 5대 레드 와인용 품종이 아닌 것은 ?

① Cabernet Franc   ② Cabernet Sauvignon   ③ Petit Verdot   ④ Uni Blanc

16. Bordeaux 지방의 화이트 와인용 포도 품종은 ?

① Sauvignon Blanc   ② Chardonnay   ③ Aligote   ④ Pinot Blanc

17. 다음은 Bourgogne 지방의 레드 와인용 품종이다. 다음 설명을 보고 예시에 맞는 품종을 고르시오.

> 미숙시에는 붉고 작은 열매의 과일향이 나고 수년간 숙성을 시키면 야생고기의 향이 나는 포도 품종으로 Bourgogne 최고의 포도 품종이다.

① Pinot Liebault   ② Gamay   ③ Troussau   ④ Pinot Noir

18. 신선함을 생명으로 하는 가벼운 레드 와인을 만드는 품종은?

① Sinsalt   ② Mourvedre   ③ Gamay Noir   ④ Pinot Noir

19. 다음중 Bourgogne의 화이트 와인을 만드는 품종이 아닌 것은?

① Chardonnay   ② Pinot Blanc   ③ Aligote   ④ Muscadelle

20. Melon de Bourgone로 불리는 품종으로 Loire 지방의 유일한 AOC 포도품종은?

 ① Sanssau   ② Muscadet   ③ Aligote   ④ Pinot Mounier

21. Alsace 지방의 포도 품종으로 과일향이 풍부하고 상쾌한 맛을 지닌 화이트 와인을 생산하는 품종으로 재배 면적이 20%에 이르는 품종의 이름은?

 ① Riesling   ② Gewurztraminer ③ Muscat d' Alsace ④ Pinot Blanc

22. Alsace 지방의 화이트 와인을 만드는 품종으로 다음 설명에 적합한 품종은?

신선하고 과일향을 띤 가벼운 포도주를 생산하는 품종으로 Alsace 고유의 백포도품종의 조합인 Edelzwicker의 원료 포도이다.

 ① Pinot Noir ② Riesling   ③ Gewurztramier ④ Sylvaner

23. Savoie 지방에서만 재배되는 유일의 적포도 품종은?

 ① Gamay   ② Joubertin   ③ Pinot Noir   ④ Mondeuse

24. Savoie 지방에서 재배되는 화이트 와인용 품종이 아닌 것을 고르시오.

 ① Altesse   ② Aligote   ③ Chasselas   ④ Muscat

25. 다음은 무엇에 대한 설명인가?

▶ Grand Champagne	▶ Petit Campagne	▶ Borderies
▶ Fins Bois	▶ Bon Bois	▶ Bois Ordinaire

 ① Armagnac   ② Calvados   ③ Cognac   ④ Chamgagne

26. 다음에 대한 설명으로 옳은 것은?

▶Bas Armagnac	▶Tenareze	▶Haut Armagnac

 ① Armagnac을 생산하는 지역구분이다. ② Cognac을 생산하는 지역구분이다.

 ③ Calvados를 생산하는 지역구분이다. ④ 와인의 등급 분류이다.

27. 포도에 함유되어 있는 유기산의 종류가 아닌 것은?

 ① 사과산   ② 호박산   ③ 주석산   ④ 초산

28. 유산 발효에 대한 설명 중 올바른 것은?

① 포도주를 만드는 1차 발효과정이다.

② 사과산을 유산과 탄산가스로 분리하는 발효과정이다.

③ 와인 양조에 불필요한 과정이다.

④ 알코올 발효라고도 한다.

29. 다음은 무엇에 대한 설명인가?

L당 최소 당분 함유량이 252g 이상의 감미가 있는 와인으로 주로 Langudoc - Russillon 지방에서 생산된다. 이 와인은 인위적인 작업을 하거나 당분을 첨가하는 일 없이 순수한 자연으로부터 얻은 천연의 당분에 의해 만들어진다.

① Vin doux Liquere   ② Vin de Paille   ③ Vin doux Natural   ④ Vin Gris

30. Jura 지방에서 생산되는 와인으로 풍부한 부케와 풍미가 특별한 와인은 다음 중 어느 것인가?

① Vin de Paille   ② Vin doux liquere   ③ Vin doux Natural   ④ Vin Santo

31. 샴페인 제조법에 있어서 침전물을 병목으로 모으는 작업을 무엇이라고 부르는가?

① Degorgement   ② Dosage   ③ Gyropalettea   ④ Remuage

32. Chablis 지구의 Grand Crus 포도원을 모두 쓰시오.

33. Chablis 지구의 Premier Crus 포도원이 아닌 것은?

① Mont de Milieu   ② Montee de Tonnerre   ③ Fouchaume   ④ Vaudesir

34. Cru Beaujolais의 10개 지구를 나열하시오.

35. 다음의 포도주를 테스팅하고 그 내용을 기록하시오(Blind Tast).

| 점 |

테스팅 답안지

No. Candidat :

Nom du Jure :

VIN BLANC :

OEIL	NEZ	BOUCHE	
COULEUR	INTENSITE	(ATTAQUE)	STRUCTURE
		ALCOOL	
	QUALITE	ACIDITE	PERSISTANCE
INTENSITE		SUAVITE	
	DESCRIPTION		EQUILIBRE
	(caracteres)	TANNIN	
LIMPIDITE			

-- CEPAGE DOMINANT :

-- APPELLATION REGIONALE :

-- APPELLATION COMMUNALE :

-- NOM DU VIN :

-- MILLESIME :

-- APTITUDE VIEILLISSEMENT :

-- ACCORD METS ET VIN :

36. 다음을 테스팅하고 그 내용을 기록하시오(Blind Tast).

TASTING TECHNICS

Phase Visuelle Sample No.	Phase Olfactive (Direct)	Tasting Phase Retro Olfaction	Comments and "End of Mouth Impression
Color Limpidity Brillance	Intensity Quality Caracteristics	Acidity Tanins Alcool Mellow	P.A.I. Testing Persistance (Main Caracter) Typicity Future Food/Wine

서울시 구로구 구로2동 390-190 B1
전화 : 02)3281-0690, 0590
팩스 : 02)3281-0592
E-Mail : Wineland@Unitel.co.kr

(주)리커랜드

서울시 강남구 논현동 115-1 경원빌딩 3층
전화 : 02)514-3288, 02)3288-4288
팩스 : 02)3288-4289

(주)와인&푸드

서울시 서초구 서초4동 1310-5
전화 : 02)3481-0355
팩스 : 02)3482-0355
E-Mail : wwine@netsgo.com

(주)아간코리아

와인 수입업체

서울시 강남구 무역센터 무역회관 3505호
전화 : 02)551-6874-5, 02)6000-6874-5
팩스 : 02)551-6873

(주)한독와인

서울시 중구 필동3가 62-11 삼경빌딩 B1
전화 : 02)2266-9676-8
팩스 : 02)2266-9679
E-Mail : Sunboliquor@thrunet.com

(주)선보주류교역

부산광역시 북구 구포1동 654-12 청운빌딩

전화 : 051)332-3755

팩스 : 051)333-5755

E-Mail : hsyho@Unitel.co.kr

(주)쁘띠뱅

서울시 금천구 가산동 371-23 7층

전화 : 02)869-5268, 9   869-5247

팩스 : 02)855-4362

http://www.keumyang.com

E-Mail : hgkim@keumyang.com

(주)금양인터내셔날

서울시 서초구 반포4동 97-3 범산빌딩 101호

전화 : 02)3477-0303

Ten to Ten

서울시 강동구 고덕동 253-3

전화 : 02)481-4588

팩스 : 02)481-4589

(주)바쿠스

서울시 중구 을지로1가 서광빌딩 102호

전화 : 02)775-2160~1

팩스 : 02)775-9196

가자 세계주류백화점(시청점)

경기도 광명시 하안동 상업지구 삼전빌딩 104호

(하안동 서울은행 사거리 농협 옆)

전화 : 02)808-0337

팩스 : 02)808-0338

세계주류백화점(광명점)

ReB

서울시 강남구 역삼동 602 호텔 리츠칼튼 서울

전화 : 02)3451-8278

팩스 : 02)3451-8471

CARAVALI

와인 전문 숍 및 와인바

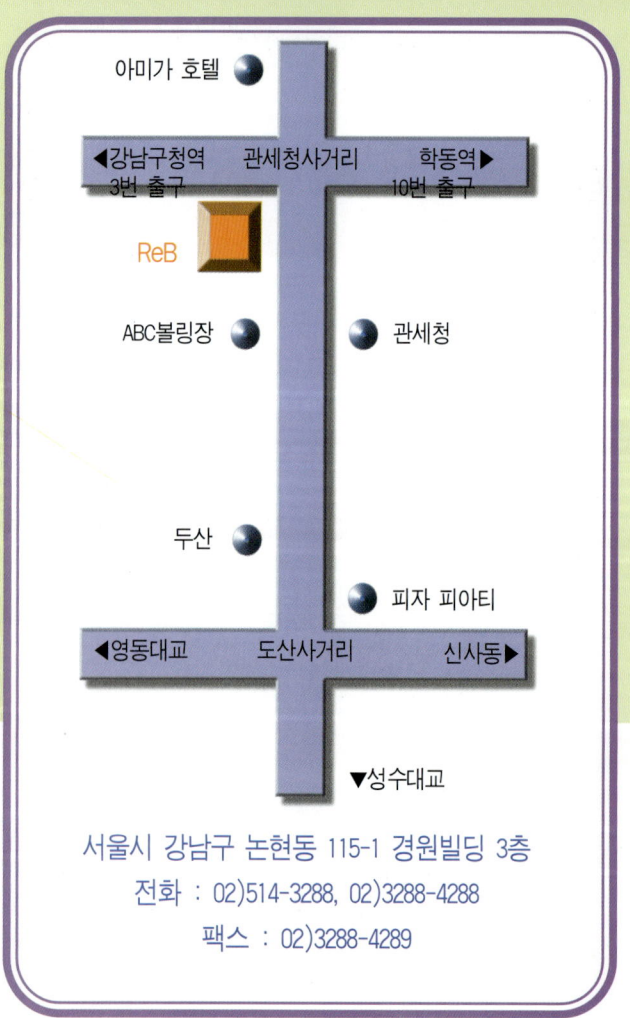

아미가 호텔

◀강남구청역   관세청사거리   학동역▶
3번 출구   10번 출구

ReB

ABC볼링장   관세청

두산   피자 피아티

◀영동대교   도산사거리   신사동▶

▼성수대교

서울시 강남구 논현동 115-1 경원빌딩 3층

전화 : 02)514-3288, 02)3288-4288

팩스 : 02)3288-4289

서울시 강남구 신사동 573-2

전화 : 02)3443-2247

LA DORE

부산광역시 북구 구포1동 564-12 청운빌딩

전화 : 051)332-3755

팩스 : 051)333-5755

모아주류테크(부산점)

서울시 강남구 청담동 84-25 세정빌딩 2층

전화 : 02)3445-8683

J&S Kitchen

서울시 강남구 신사동 635-12 호선빌딩

전화 : 02)548-3720

팩스 : 02)548-3724

와인타임

Brasserie Boo

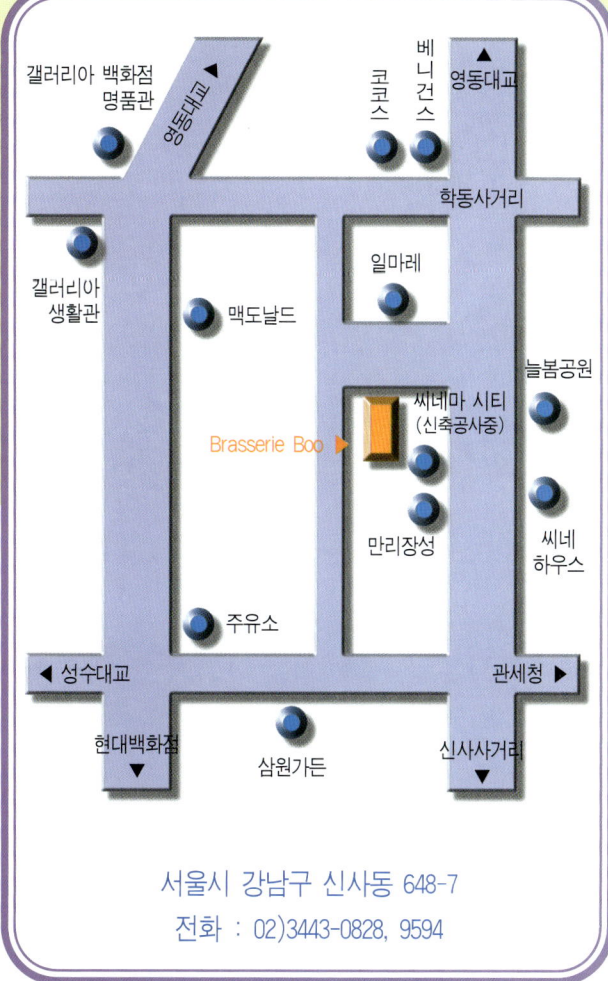

서울시 강남구 신사동 648-7

전화 : 02)3443-0828, 9594

참고 문헌

『Wines and Spirits of France』. SOPEXA, 1989.

Fiona Beckett : 『Wine Uncorked』. Willow Creek Press, 1999.

Kevin Zraly : 『Complete Wine Course』. Sterling Publishing Co., Inc., 1996.

Alexis Bespaloff : 『The New Frank Schoonmaker Encyclopedia of WINE』. 1988.

『The Wines and Spirits of France』. SOPEXA, 1983.

『PORTUGUESE FOOD&DRINKS Buyer's Guide』. Euromark, 1990.

Serena Sutcliffe : 『The WINE DRINKER'S Handbook』. 1985.

Alexis Bespaloff : 『The NEW SIGNET BOOK of WINE』. 1980.

E. Frank Henriques : 『The Signet Encyclopedia of wine』. 1984.

Fernand Woutaz : 『Dictionnaire des appellations』. 1980.

Alexis Lichine : 『New Encyclopedia book of wine』. 1990.

『明治唐酒類辭典』. 明治唐, 1992.

『Wine 教本』. Suntory Wine School, 1992.

Robert Parker : 『The Wine Buyer's Guide』. 1990~1998.

원용희 : 『우리술』. 정훈출판사 , 1996.

우리 포도백년사. MBC, 2000.

『La clef des Vignes』. SOPEXA, 1996.

◆ 영상 자료 협조 : The Ernest & Julio Gallo Co., Ltd.

김진국과 같이 배우는
와인의 세계

2001년 6월 5일 제1판 1쇄 발행
2004년 3월 10일 제1판 2쇄 발행

저자/김진국
펴낸이/강선희
펴낸곳/가림출판사

등록/1992. 10. 6. 제4-191호
주소/서울시 광진구 구의동 57-71 부원빌딩 4층
대표전화/458-6451   팩스/458-6450
홈페이지 http://www.galim.co.kr
e-mail galim@galim.co.kr

값 30,000원

ⓒ 김진국, 2001

ISBN 89-7895-089-2 03590

가림출판사 홈페이지 안내

가림출판사 · 가림M&B의 홈페이지(http://www.galim.co.kr)에 들어오시
면 가림출판사 · 가림M&B의 신간 도서 및 출간 예정 도서를 포함한 모든 책들
을 만나실 수 있습니다.
온라인 서점을 통하여 직접 도서 구입도 하실 수 있으며, 가림 홈페이지 내에서
전국 대형 서점들의 사이트에 링크하시어 종합 신간 안내 및 각종 도서 정보, 책
과 관련된 문화 정보를 받아 보실 수 있습니다. 또한 홈페이지 방문시 회원으로
가입하시면 신간 안내 자료를 보내드립니다.

PART ❶

와인도 맥주나 증류주처럼 알코올이 함유된 음료이다. 그러나 와인은 다른 술과 달리 자연에 가장 가까운 음료이다.

와인을 만드는 일련의 작업은 과학기술과 예술이 결합된 것이다. 와인은 토양과 기후와 기술과 과학의 결합으로 탄생하게 되는 것이다.

양조용 포도를 재배하기에 적합한 지역은 유럽의 프랑스 · 독일 · 이탈리아 등, 미국의 캘리포니아와 남미의 칠레, 아르헨티나 그리고 호주와 남아프리카공화국 등 적도를 중심으로 북위 30~50° 사이, 연평균기온 10~20℃인 지역이 적정 재배 지역이라고 할 수 있다. 포도 재배지에는 Micro Climats라는 미기후대가 형성되는데, 이것은 토양의 지형조건에 따라 온도와 기후의 편차가 생기는 것이다. 가령 같은 지역 내에 위치한 포도밭이라도 평지에 위치한 포도원과 남쪽 경사면에 위치한 포도원의 일조량에는 차이가 생긴다. 이것은 미세한 지형에 따른 영향으로 남쪽 경사면에 위치한 포도원은 일조량이 많아져 포도의 당도에 영향을 주게 되며 심지어는 복사열에 의한 온도유지도 숙성기의 포도에 큰 영향을 미치게 된다. 더욱이 강에서 올라오는 안개는 밤에 기온의 급강하를 막아주는 중요한 역할을 한다.

따라서 가장 좋은 포도원의 위치는 남쪽 경사면에 위치하면서 강을 내려다보는 것이 가장 좋은 지형조건이라고 할 수 있다.

겨울이 지나고 봄이 오면 포도나무에 싹이 트고 꽃이 피며 열매를 맺어 여름이 지나고 열매가 익어 당도가 오르기 시작하면 포도 재배자는 포도의 당도를 수시로 체크하여 수확기를 결정하게 된다.

PART ❷

본격적인 수확기에 접어들면 수시로 포도의 당도와 산도를 체크하여 양조자의 의도에 맞는 조건에 이르면 수확을 시작하게 된다. 수확한 포도는 양조장으로 옮겨 바로 양조에 들어가게 되는데 이에 앞서 그 해의 포도주의 성향을 파악하기 위하여 포도를 파쇄하기 전에 샘플링 작업을 하여 시험 양조에 들어간다.

샘플링 작업이 끝나면 본양조에 들어가게 된다.

와인의 색은 껍질에 함유된 안토시아닌 색소에 의해서 나타난다. 알코올 발효는 효모의 작용에 의해 탄산가스와 알코올로 분해하는 작업이다. 보통 알코올 발효를 통하여 7~13도의 알코올을 얻게 된다.

발효는 스테인리스 탱크에서 하게 되는데 화이트 와인은 50~55℉ 내에서 하고 레드 와인은 75℉ 이하로 유지되도록 발효온도에 주의를 기울인다.

일반적인 레드 와인은 대형 오크 통(Oak Barrel)에서, 좋은 양질의 레드 와인은 소형 오크 통에 숙성시킨다.

숙성이 끝난 와인은 블렌딩을 하게 되는데 서로 다른 해에 수확된 와인, 다른 품종, 다른 통에서 숙성된 와인 등을 서로 블렌딩하여 품질을 안정화시킨 후에 병입하게 된다.

이렇게 병입된 와인은 일정 기간의 안정화(환원 숙성)를 거쳐 시장에 나와 식탁에 오르게 된다.